개정판

인공지능을 위한 텐서플로우 입문

김유두 · 장문수 · 이종서 지음

光文閣

www.kwangmoonkag.co.kr

머리말

기존의 산업은 농업, 수산업 등 자연환경을 이용하여 인간의 삶을 위한 기본에 충실한 상품을 생산하는 1차 산업시대를 지나 생산된 물품을 가공하고 에너지를 생산하는 2차 산업시대로 발전하였습니다. 그 후에는 생산된 제품을 소비자에게 전달하고 편리한 서비스를 제공하는 3차 산업시대가 도래하였으며, 이를 구현하기 위한 다양한 컴퓨팅 시스템이 발전하게 되었습니다. 이러한 컴퓨팅 시스템은 논리적인 조건에 의해 단순 반복 업무를 빠르게 수행하는 데에 초점이 이루어져 있습니다. 하지만 4차 산업혁명 시대에서는 컴퓨터가 스스로 학습하고 판단하여 새로운 작업을 수행할 수 있는 인공지능 기반의 시대로 발전하고 있습니다.

이러한 4차 산업혁명 시대를 대비하기 위하여, 이 책에서는 인공지능의 개념을 전혀 모르는 일반인들도 쉽게 인공지능 기술을 이해하고, 인공지능을 구현하는 텐서플로우를 통해 간단한 기능을 수행해 볼 수 있도록 구성하였습니다.

우선 1장에서는 인공지능이란 무엇인지 전혀 모르더라도 쉽게 개념을 이해할 수 있도록 인공지능의 개요뿐 아니라 생활 속에서 활용하는 사례와 기술에 대해서 쉽게 설명하고 있습니다.

2장에서는 인공지능이 어떻게 동작하는지를 이해할 수 있도록, 활용되고 있는 알고리즘의 분류인 지도 학습, 비지도 학습, 강화 학습으로 나누어 설명을 하고 있습니다.

3장에서는 실제 인공지능 시스템을 구현하고 동작시키기 위한 다양한 프레임워크와 라이브러리에 대한 설명하고 비교하는 내용을 포함하고 있습니다.

마지막으로 4장에서는 인공지능 시스템을 구현하기 위해 머신러닝 동작에서 가장 많이 각광받고 있는 텐서플로우란 무엇이며 어떻게 설치하고 활용하는지 기본 예제를 통해 동작시켜 볼 수 있는 내용으로 구성하였습니다.

이 책을 통해 4차 산업혁명 시대의 가장 중요한 키워드가 되고 있는 인공지능에 대한 기본 개념을 학습하고 각 분야에서 인공지능을 적용하기 위한 생각을 하는 데에 많은 도움이 될 수 있기를 바랍니다.

또한, 이 책이 잘 출판될 수 있도록 도와주신 광문각출판사 박정태 대표이사님과 내용을 검토해 주신 많은 분께 깊은 감사의 말씀을 드립니다.

저자 일동

목차

CHAPTER 1

인공지능의 개요

TensorFlow

1.1 생활 속의 인공지능

1.1.1 인공지능의 발전

4차 산업혁명 시대를 대표하는 기술로 인공지능이 화두가 되고 있습니다. 그렇다면 이렇게 많이 이야기되고 있는 인공지능은 과연 어떠한 기술이고 어떻게 발전을 해 왔는지 알아보고, 우리가 실생활에서 어떻게 적용하고 미래를 대비하여야 할지 생각을 해 보도록 하겠습니다.

우선 우리가 살아온 산업혁명 시대를 살펴보면 농업, 임업, 축산업, 수산업 등 자연환경을 이용하여 인간의 삶을 위한 기본에 충실한 상품을 생산하는 것을 목표로 하는 1차 산업시대를 지나서 생산된 물품을 가공하고 천연자원을 활용한 에너지를 생산하는 2차 산업시대를 거치게 되었습니다.

그 후에는 생산된 제품을 소비자에게 판매하거나 생활에 편리한 다양한 서비스를 제공하는 3차 산업시대까지 발전하면서 다양한 직업과 기술 분야가 생겨나게 되었습니다.

3차 산업시대까지의 발전이 이루어지면서 대량 생산을 위한 다양한 기술이 발전하였고, 특히 대량 생산을 위한 공장에서의 설비기술이 빠른 속도로 발전하였으며 대부분 기술은 단순 작업을 인간보다 빠르게 반복적으로 수행할 수 있는 기기의 발전이 주를 이루게 되었습니다.

이러한 대량 생산 위주의 산업에서는 빠르고 효율적으로 상품을 생산하고 제공할 수 있는 것에 주목적을 두었기 때문에 이를 위한 하드웨어 중심의 장비 산업이 급속도로 발전하게 되었습니다.

하지만 4차 산업혁명이 시작되고 있는 현재의 시대에서는 단순 작업만이 아니라 다양한 분야에서 다양한 서비스를 자동화하고자 하는 요구가 늘어나고 있습니다. 그 예로 자율 주행 자동차와 같이 자동차 스스로 판단하여 최적 경로를 가장 안전하게 운전하여 주는 것과 같은 서비스에 대한 요구가 산업 전반에서 급증하고 있습니다.

이러한 요구에 맞는 다양한 서비스를 제공하기 위해서는 그에 맞는 하드웨어도 중요하지만, 그 하드웨어를 다양한 환경에서 동작할 수 있도록 하는 소프트웨어 기술이 핵심이 되어가고 있으며, 소프트웨어 기술 중에서도 인공지능 기술이 가장 중요한 기술로 여겨지고 있습니다. 그렇다면 이러한 인공지능 기술이 어떻게 발전하고 있는지 전산화 시스템과의 사례를 들어 알아보도록 하겠습니다.

비디오나 DVD, 만화책 등을 대여하는 대여점의 시스템을 예로 발전 과정을 알아보면, 초기에는 고객이 방문하여 대여를 원하는 것을 가져와서 카운터에 가면 주인이 직접 장부에 손으로 대여 일시와 고객 정보 등을 기록하는 형태로 대여 관리가 이루어졌습니다.

[그림 1-1] 초기의 비디오 대여 단계

초기의 비디오 대여 방법은 전산 시스템을 전혀 사용하지 않고 사람이 직접 필기하고 매일 연체자를 파악하는 방식으로 주인의 업무 스타일에 따라 누락이 발생하는 경우가 많고, 장부가 분실되거나 손실되면 모든 정보가 없어지게 되는 단점이 있었습니다.

그 후 컴퓨터가 저렴하게 보급되기 시작하면서 전산화가 이루어지게 되었습니다.

[그림 1-2] 전산화 시스템 도입 후, 비디오 대여 단계

전산화가 도입되면서 가장 큰 변화는 바코드를 활용하여 책의 바코드만 인식하면 대여 정보가 자동으로 컴퓨터에 저장되고 관리되었으며, 매일 연체자를 정리하여 컴퓨터에서 알려 주었기에 누락이 되지 않도록 개선이 되었습니다.

이와 같이 전산화의 도입으로 다양한 분야에서 사람이 하던 일 중, 단순 반복이나 정보 저장 위주의 일은 빠르고 효율적으로 처리될 수 있도록 발전하였습니다. 하지만 전산화는 단순한 계산과 반복 업무와 데이터 저장에 한정하여 발전되어 왔기 때문에 사람을 쉽게 대체하거나 사람보다 더 뛰어난 일을 스스로 처리하는 업무까지 자동화로 발전하지는 못하였습니다.

하지만 인공지능을 기반으로 한 미래의 기술은 단순 논리적 판단을 넘어 인간과 같이 상황에 따라 스스로 판단하는 인공지능 처리가 가능한 형태로 발전하고 있습니다. 앞서 확인한 비디오 대여 시스템이 인공지능까지 추가된다면 어떠한 모습이 될지 다음과 같이 예측할 수 있습니다.

[그림 1-3] 인공지능을 적용한 대여 시스템

앞서 살펴보았던 비디오 대여점 관리 시스템은 대여 내용과 고객 정보를 관리하는 것과 연체 등을 파악하여 고객에게 알림을 수행하는 전산화에 초점을 두고 있었습니다. 하지만 미래의 인공지능 기술이 도입된다면 고객의 패턴을 직접 파악하여 연체가 예상되는 고객의 경우는 반납일이 지나지 않았어도 미리 한 번 더 확인 문자를 보내고, 연체를 거의 하지 않는 고객은 조금 늦어지더라도 귀찮게 알람을 수행하지 않는 등의 스마트한 고객 관리가 가능하게 됩니다. 이러한 부분은 원래 주인이 스스로 판단하여 고객에 따라 대응하던 것을 컴퓨터가 스스로 판단하여 스마트하게 관리를 해 줄 수 있게 되는 것입니다.

기본적인 인공지능이 탑재되어 고객에게 연체를 알리는 방법을 개선한 것에 추가하여 더욱 고도화된 방법을 적용한다면, 새롭게 입고되는 신간 서적이나 비디오 등에 대해 모든 고객에게 스팸성 문자를 보내는 것이 아닌, 고객의 성향을 파악하여 관심 있을 만한 고객에게만 안내를 함으로써 타겟 마케팅이 가능해 지게 됩니다. 또한, 이러한 고객에게는 우선 예약 등의 혜택이나 할인해줌으로써 단골 고객을 확보하는 다양한 노하우를 주인의 머리에서 나온 방법이 아닌, 컴퓨터 스스로 판단하여 수행하게 됩니다. 그렇다면 이러한 시스템이 단순히 미래에 가능할 것이라 예측하는 것인지, 현재 기술 수준을 확인해 보면 다음과 같습니다.

현재 인공지능 기술은 단순히 전망에 머무르지 않고 다양한 분야에서 베타 서비스가 이루어지고 있습니다.

대표적으로 인간을 절대 이길 수 없을 것이라던 바둑 대결에서 인공지능 시스템인 알파고가 이세돌 9단을 이기는 사건이 발생하였습니다. 이는 인간의 영역이던 자기 학습과 창의적인 해결 방법을 컴퓨터에서도 수행이 가능하다는 것을 알리는 계기가 되었으며, 현재는 인공지능 시스템이 인간에게 바둑을 겨우 이기는 수준이 아닌 압도적인 수준으로 발전하고 있습니다. 이를 통해 인공지능 시스템은 인간보다 더 빠른 속도로 학습을 하면서 스스로 발전해 가는 분야에서도 무리 없이 적용이 가능한 시대가 다가오고 있음을 보여 주고 있습니다.

현재 인공지능을 적용하기 위해 가장 활발히 추진되고 있는 분야는 자율 주행차 부분입니다. 정해진 트랙을 움직이는 기차, 전차, 비행기 등은 이미 어느 정도 자동화가 이루어져 운전이 되고 있지만, 여기에서 사용된 기술은 정해진 구간을 정해진 시스템에 의해 논리적으로 판단하여 운행되므로 기존의 전산화 기술로 충분히 구현되어 이루어질 수 있었습니다. 하지만 자동차의 경우, 모든 도로에 센서 등을 설치할 수 없고 결국 사람과 같이 눈으로 상황을 판단하며 다양한 경우를 모두 확인하며 운행이 되어야 합니다. 인간이 자동차를 운전하면서 어느 상황 판단을 하는지 살펴보면 다음과 같습니다.

① 차선 인식
② 주변 물체, 사람, 동물 등 인식
③ 신호등 인식
④ 법규를 지키지 않는 차량 인식
⑤ 같이 운행되는 주변 차량 인식 등

위 조건 외에도 수많은 조건이 있고, 인간의 경우도 오래된 운전 경력에 따라 습득하며 다양한 기술로 운전을 수행하고 있습니다. 이것을 기존의 소프트웨어 기술로 정해진 상황만을 입력하여 자율 주행한다면, 예상되지 못한 수많은 상황으로 인해 사고가 끊임없이 나타나게 될 것입니다. 하지만 인공지능 기술을 활용하여 자동차가 스스로 상황을 학습하고 끊임없이 학습하면서 인간과 같이 새로운 노하우를 습득하며 운영하는 자율 주행 기술이 빠르게 발전하고 있습니다. 현재에는 자율 주행 자동차가 실제로 수십만 km를 무사고로 운영한 사례가 나타나듯이 인공지능 기술이 이제는 미래의 꿈이 아닌 현실로 받아들여지고 있습니다.

이러한 인공지능 기술이 발전한다면 인간의 영역이라고 생각했던 부분도 점차 대체되고 더 나은 솔루션을 제공할 수 있게 될 것으로 전망되고 있고 이를 위해서는 우리는 더욱 정확한 시스템으로 동작하기 위한 인공지능 기술을 습득하여 적용해야 합니다.

1.1.2 인공지능 활용 사례

인공지능을 구성하는 핵심은 그것을 동작시키는 기술이나 인프라도 있지만 인공지능의 기반이 되는 데이터가 충분히 확보되어야 합니다.

인공지능은 정확한 수식이나 조건 등에 의해 계산이 되는 방식이 아니라 다양한 데이터의 분석을 통해 그 패턴을 파악하여 다양한 분석과 예측을 수행하는 것으로 사람의 노하우 습득과 비슷한 점이 많습니다.

사람의 노하우도 많은 세월을 살면서 습득하고 체험한 다양한 경험에 따라 만들어지는 것이기 때문에, 인공지능이 더욱 우리가 원하는 방향으로 정확하게 동작하려면 다양한 데이터가 충분히 공급되어야 합니다. 따라서 현재의 많은 기업은 데이터를 모으기 위한 플랫폼에 많은 투자를 이루고 있습니다.

우리나라의 예를 들면, 대표적인 서비스로 카카오의 택시 호출 서비스가 있습니다. 2017년 카카오 모빌리티 서비스 리포트에 발표된 내용에 의하면 연간 누적 택시 호출 수는 3억 건에 달했으며, 누적 승객 수는 1,300만 명을 넘는다고 합니다. 이를 통해 카카오에서는 우리나라 사람들이 언제 어디에서 택시를 많이 타거나 평균적으로 얼마나 택시를 타고 이동하는지와 같은 다양한 데이터를 얻어낼 수 있습니다. 이것을 인공지능을 활용하여 분석한다면 택시 이용에 대한 예측이나 택시 배차에 대한 다양한 일들을 효과적으로 적용하여 할 수 있을 것입니다.

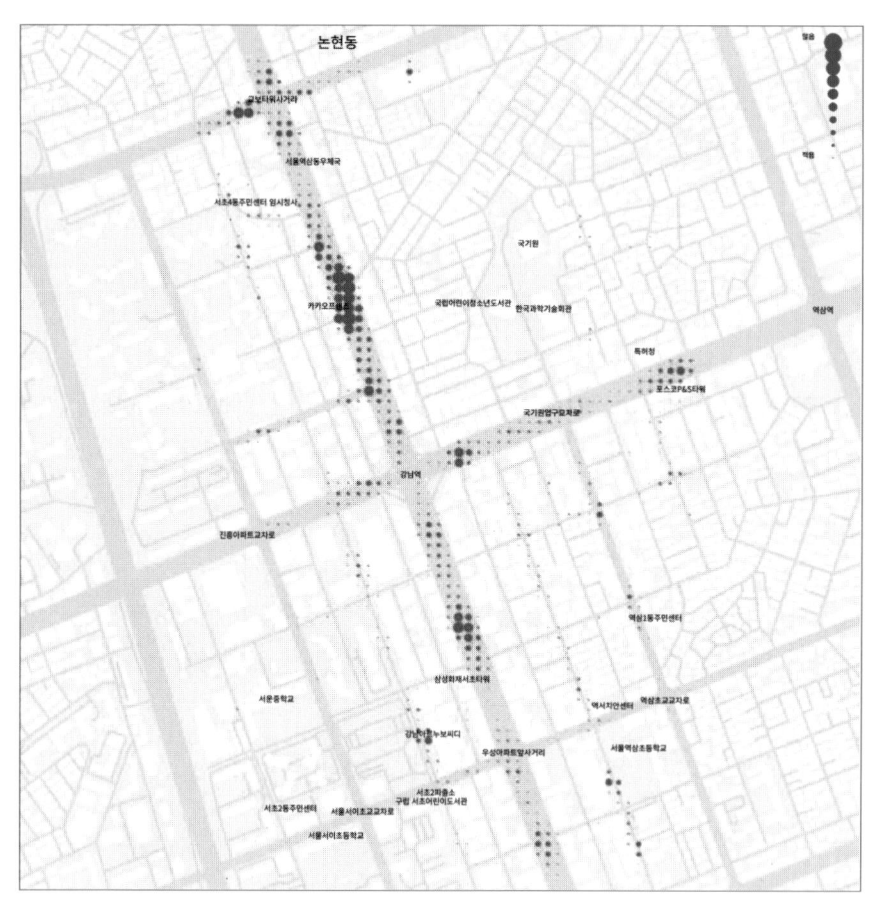

[그림 1-4] 강남역에서 택시를 호출하는 빈도, 2017 카카오 모빌리티 리포트

그림에서 보는 바와 같이, 택시를 호출하여 탑승하는 위치를 데이터를 통해 파악하고 있다면 향후 상권을 분석하거나 택시를 운영하는데 있어 큰 도움이 되는 데이터가 될 것입니다.

이와 같이 인공지능으로 무엇을 예측하기 위해서는 먼저 그에 필요한 데이터를 충분히 확보하는 방법이나 서비스를 제공하여 데이터를 확보하는 것이 중요합니다.

다음으로는 실제 인공지능을 통해 실현되고 있는 서비스를 알아보도록 하겠습니다. 아마존에서는 Amazone Go라는 무인 상점을 운영하고 있습니다.

2017년 시애틀에 시범 매장을 베타 테스트로 운영을 시작하여 2018년 1월에 일반인들에게 공개하였고 실제 운영을 하고 있으며, 향후 3년 이내로 3,000여 개의 매장을 오픈시키려는 전략을 세우고 있습니다.

이 전략은 단순히 테스트 수준이 아닌, 이미 인공지능 기술이 실제 상용 서비스로 발전할 수 있는 기반이 모두 완료가 된 것이라고 해석할 수 있습니다. 그렇다면 Amazon Go가 무엇이고 어떻게 서비스 되고 있는지 확인해 보도록 하겠습니다.

[그림 1-5] Amazon Go Youtube 소개 영상

Amazon Go의 Yotube 소개 영상을 보면 계산원이 없이 물건을 가져 나가면 자동으로 결제되는 것을 보여 주고 있습니다. 이는 기존에 다양한 분야에서도 시도되었던 서비스의 한 방법입니다. 하지만 기존의 무인 상점은 각 제품에 어떠한 칩을 장착시켜서 센서를 인식하여 자동으로 계산하는 방식이 주를 이루었습니다.

이러한 센서 방식은 정확도는 높지만, 모든 제품에 센서를 장착해야 하는 비용과 번거로움이 있기 때문에 실제 다양한 제품을 파는 편의점과 같은 매장에서 적용하기에는 무리가 있었습니다.

하지만 Amazon Go는 센서 부착 방식이 아닌, 기존 제품을 매장의 카메라가 자동으로 인식하여 고객이 제품을 가져가는 순간 자동으로 인식하여 해당 제품을 고객이 구매한 것으로 처리하므로 기존의 제품에 별도의 센서 부착 없이 바로 적용 가능하다는 것이 가장 큰 특징이라고 할 수 있습니다.

동영상에서 보여 주는 프로세스를 보면 다음과 같이 쇼핑이 이루어지고 있습니다.

- 고객이 매장에 들어오며 본인 ID로 로그인된 앱을 실행한다.
- 매장의 카메라는 고객의 동선을 파악하며 고객이 선택하는 제품을 체크한다.
- 고객이 매장을 빠져나가면 카메라에 의해 인식된 제품들이 고객의 카드에서 바로 결제 처리가 된다.

이와 같이 고객이 매장에 방문하여 제품을 선택하고 나가는 동안 모든 것이 카메라에 의해 인공지능으로 인식하여 처리하므로 고객은 계산대에서 대기 없이 쉽고 편리하게 쇼핑이 되며, 상점 입장에서는 별도의 계산원이나 관리하는 인력이 필요 없는 무인 편의점 운영이 가능하게 되는 것입니다.

물론 현재는 기술적 한계로 매장에 들어올 수 있는 사람의 수가 한정되어 있는 등의 제약이 있지만, 심야 시간대의 편의점 운영과 같이 제한된 상황에서는 충분히 바로 적용이 가능한 장점이 있습니다. 이와 같이 현재의 인공지능 기술은 미래를 상상하는 수준이 아닌 현실에 바로 적용이 가능한 수준으로 다가왔으며 가까운 미래에 많은 일이 인공지능 기술에 의해 이루어질 것으로 예측되고 있습니다.

Amazon Go 외에도 인공지능을 통해 대체될 수 있거나 인공지능이 도움을 줄 수 있는 다양한 일들이 다음과 같이 예측되고 있습니다.

- 다양한 판례를 분석하는 인공지능 판사
- 다양한 처방 정보를 분석하여 학습하고 진단하는 인공지능 의사
- 최적의 입지를 선정하는 인공지능 상권 분석

인공지능 판사가 결정하는 것을 그대로 따르는 것은 인류가 바로 적용하지는 않겠지만, 기존에 판사가 수많은 판례를 모두 수동으로 찾아보며 분석하는 업무를 일부 인공지능 판사가 도와준다면 더욱 효율적이고 정확한 판결을 낼 수 있게 될 겁니다.

마찬가지로 우수한 의사는 해당 분야의 오랜 경험에 의해서 진단을 하는 것이기 때문에 인공지능 의사에게 다양한 진료 기록을 학습시킨다면 전 세계의 우수한 진료 기록을 모두 학습하여 어디서나 조금 더 정확한 진료를 수행할 수 있는 보조 자료로 제공될 수 있을 것입니다. 또한, 단순한 상권 분석이 아닌 다양한 정보를 기반으로 하여 상권을 분석하여 정보를 제공하는 프렌차이즈 본부가 있다면 더 많은 성공을 누릴 수 있게 될 것입니다.

이와 같이 다가올 가까운 미래에는 모든 분야가 전부 인공지능으로 대체되기보다는 일부에서나 또는 보조 정보로서의 가치가 있을 것으로 판단되며, 이를 통해 인공지능 기술은 더욱 빠른 속도로 발전 될 것으로 전망됩니다.

TensorFlow

1.2 인공지능 기술

1.2.1 머신러닝

1.2.1.1 머신 러닝의 역사

컴퓨터를 활용한 기존의 다양한 분야는 정해진 수식에 의해 빠른 연산을 수행하는 부분에 한정되어 있기 때문에 단순한 특정 패턴의 활동을 반복적으로 수행하는 것에 컴퓨터가 활용되어 빠른 연산을 통한 효과를 원하거나 단순 반복 작업을 피로도 없이 해결하기 위하여 컴퓨터를 활용하는 논리적 판단 방법에 적용하였습니다. 하지만 머신러닝이 활용되면서 컴퓨터가 사람과 유사하게 학습을 하고, 그에 따라 판단을 하여 스스로 동작하는 방식을 활용할 수 있게 되었습니다.

머신러닝은 1959년 Arthur Samuel이 쓴 논문에서 "명시적으로 프로그램을 작성하지 않고 컴퓨터에 학습할 수 있는 능력을 부여하기 위한 연구 분야"라는 내용으로 정의하여 부르게 되었습니다.

이와 같이 머신러닝은 단어 그대로 한국어로 해석하면 기계학습이며, 이는 기계가 스스로 학습하여 무엇인가 연산을 수행한다는 것을 의미합니다. 이는 기존의 명확한 조건에 의해 결과가 나타나는 논리적인 연산 외에도, 컴퓨터가 스스로 학습을 통해 그 경험으로 판단을 할 수 있는 분야에 적용할 수 있는 인공지능 분야에 활용할 수 있다는 것을 의미 합니다. 하지만 초기의 머신러닝은 정확도가 높지 않기 때문에 이론적인 의미 외에는 실제 활용을 할 수 있는 상태는 아니었지만, 관련 연구가 지속적으로 수행되면서 이제는 실제 다양한 분야에서 활용이 시작되고 있습니다.

머신러닝은 개념적이거나 실험적인 단계에서 수행하는 데에 그치면서 실제 활용되기보다는 기존 기능의 개선된 일부 기능으로 활용하는 것과 같이 완벽히 실무에 활용되는 데에는 한계가 있었지만, 현재에는 많은 기술의 발전으로 머신러닝이 실제 환경에서 다양하게 적용이 시작되고 있습니다.

머신러닝은 인공지능의 겨울이라 불리는 인공지능 연구의 긴 침체기를 지나 2006년 토론토대학의 제프리 힌튼 교수가 딥러닝의 정확도를 개선하는 논문을 발표하면서 시작되게 되었습니다.

2012년에는 개선된 기법을 사용하여 이미지 인식 오류율을 10% 이상 줄이면서 다시 한번 주목을 받게 됩니다. 그 이후 우리가 잘 알고 있는 알파고라는 바둑을 두는 인공지능 기술을 소개하고, 실제 이세돌을 알파고가 이기면서 본격적으로 발전을 하는 계기가 되었습니다.

또한 알파고에 이어서 게임 스타크래프트를 하는 인공지능 기술인 알파스타를 발표하였으며, 알파스타도 프로게이머들과의 대결에서 압승을 하면서 더욱 빠른 속도로 인공지능 기술이 발전하고 있음을 알게 되었습니다.

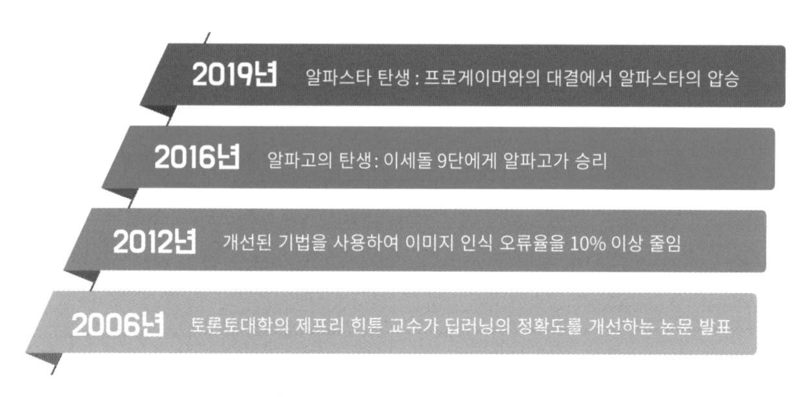

[그림 1-6] 머신러닝의 발전

컴퓨터가 탄생하면서 세상의 많은 업무가 자동화되어 효율성이 높아지면서 산업이 급격하게 발전하였지만, 컴퓨터를 활용하는 분야는 논리적인 판단에 의해서만 동작하는 부분에 한정되어 있어, 사람과 같이 상황에 따라 가장 적합한 부분을 새롭게 판단하거나 예측하는 등의 업무에서도 컴퓨터가 스스로 동작할 수 있도록 하는 인공지능 분야의 연구도 활발히 이루어지고 있습니다. 그러나 인공지능의 연구 내용은 연구에서만 한정되고 실제 사례에서 활용되기에는 많은 문제점이 발생하였고, 다음과 같이 머신러닝 기술이 점점 실제 환경에서 활용되면서 점차 주목을 받기 시작하였습니다.

1.2.1.2 머신러닝이란?

머신러닝은 인공지능을 구현하기 위한 방법의 하나로, 학습을 통해 컴퓨터가 스스로 판단하여 결과를 나타내는 것입니다.

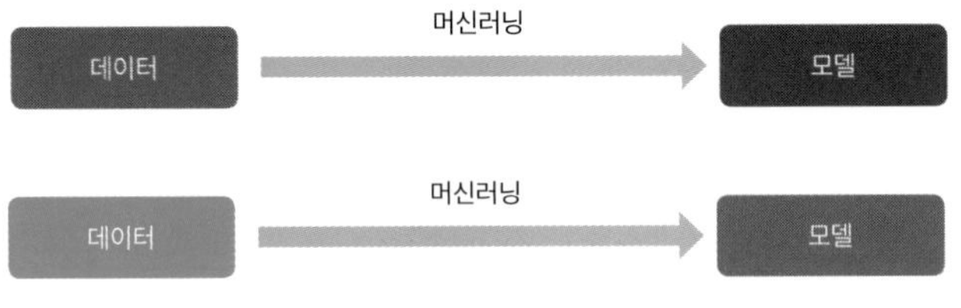

[그림 1-7] 머신러닝의 기본 개요

머신러닝은 기존의 데이터를 이용하여 결과를 판단하기 위한 모델을 만들어 내는 방법으로 사람이 데이터를 분석해서 모델을 만들어 해당되는 논리적인 판단을 컴퓨터에 알리고 컴퓨터가 단순히 계산하는 것이 아닌, 다양한 머신러닝 알고리즘을 통해 컴퓨터가 스스로 모델을 찾도록 하는 절차를 이야기합니다. 따라서 머신러닝 기술을 활용하면 컴퓨터가 스스로 기존의 데이터를 학습하고 그에 맞게 어떠한 기준을 만들어 내고 그 기준들이 모여 하나의 결정 모델이 되고, 그 결정에 의해 최종 결론이 나타날 수 있도록 하는 방법입니다.

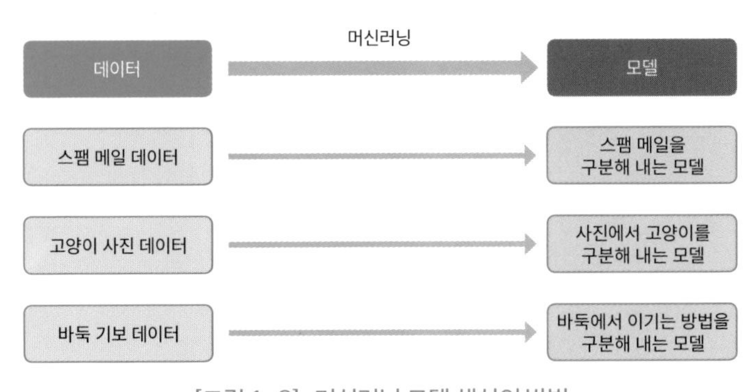

[그림 1-8] 머신러닝 모델 생성의 방법

그림에서와 같이 머신러닝은 다양한 분야에서 활용되어 그 모델을 만들어 낼 수 있습니다.

스팸메일을 자동으로 분류하기 위해서는 해당 메일이 스팸인지 아닌지를 판단하기 위해 과거의 수많은 메일을 컴퓨터가 학습하여 스팸과 아닌 메일의 차이점을 컴퓨터 스스로 파악하여 구분을 위한 판단 기준을 만들어 내야 합니다. 또한, 고양이 사진 데이터가 있을 때, 이 사진이 고양이 인지 아닌지를 구분하기 위해서라면 컴퓨터는 기존의 수많은 고양이 사진 데이터를 학습하여 그 특성을 파악하고 새로운 사진이 고양이인지 아닌지를 판단하기 위한 기준을 만들어 내야 합니다.

알파고와 같은 바둑 게임을 진행하기 위해서는 기존의 다양한 바둑 기사들과의 대결을 바탕으로 데이터를 축적하고, 그에 맞게 컴퓨터 스스로 전략이 생기고 그 기준을 통해 새로운 대결을 수행하게 되는 것입니다.

머신러닝 기술은 컴퓨터가 스스로 판단하여 수행하는 만능 기술로 여겨지므로 기존의 모든 기술을 다 대체해야 한다고 생각할 수 있지만, 논리적으로 설명이 가능한 것은 컴퓨터가 스스로 학습할 필요 없이 사람이 직접 모델을 만드는 것이 더 정확합니다. 그 예로 물리 법칙을 계산하는 프로그램과 같은 것을 개발한다면, 기존의 결정되어 있는 논리를 활용해서 그대로 계산이 수행되도록 하는 것이 가장 효과적입니다.

논리적으로 설명하기 어려운 분야에서는 머신러닝을 적용한다면 사람이 직접 모델을 만드는 것보다 좋은 결과를 얻을 수 있습니다. 간단한 예로 음성 인식의 경우, 수많은 사람의 서로 다른 음성을 일반화할 수 없으므로 컴퓨터가 스스로 학습하여 판단 기준을 만들고 수행하도록 하는 것이 좋습니다.

1.2.1.3 머신 러닝의 활용

머신러닝은 기존의 논리적인 단순한 판단을 수행하는 것 외에 컴퓨터가 스스로 학습하고 판단한다는 진보된 기술입니다. 그렇다면 실제 어디에서 많이 활용되고 있는지 그 사례를 통해 알아보도록 하겠습니다.

현재 많이 활용되고 있는 예로, 사람이 쓴 글자를 자동으로 인식하여 문자로 저장해 주는 문자 인식 부분을 통해 머신러닝의 동작을 알아보도록 하겠습니다.

다음은 손으로 사람이 직접 글자를 쓴 것입니다.

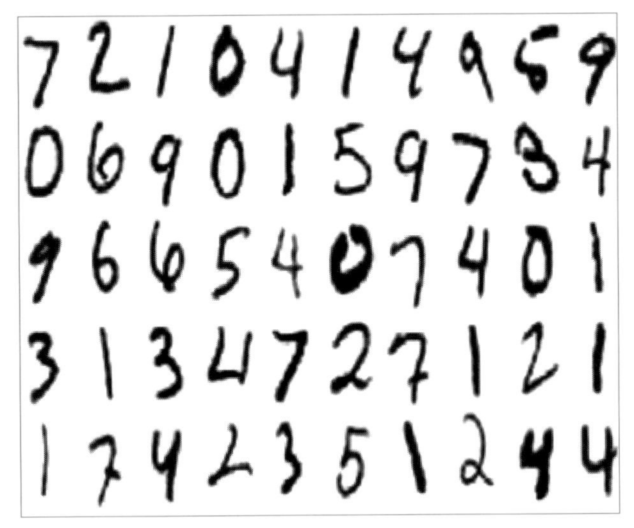

[그림 1-9] 머신러닝 모델 생성의 예

그림과 같이 사람이 직접 손으로 글씨를 쓰면 다양한 형태의 모양이 나타나게 되는데 이를 데이터베이스에 저장하고 정보 처리를 수행하기 위해서는 해당 모양이 어느 숫자에 매칭되는지를 인식해야 합니다.

일반적으로 사람이 눈으로 확인하면서 어떠한 모양이 어떤 숫자에 매칭된다고 인식하는 것은 우리가 경험을 통해 모양을 보고 인식하게 되는 것입니다. 하지만 컴퓨터가 위의 그림을 숫자로 매칭해야 한다면 어떻게 판단해야 할 것인지 생각해 보아야 합니다.

컴퓨터가 사람의 필기체를 숫자로 인식하기 위해서는 직선의 개수, 원의 개수, 선이 꺾이는 회수 등과 같이 판단의 기준이 만들어져야 하지만 이러한 모델을 몇 가지로 일반화하여 정확히 만들기는 매우 어렵습니다.

이러한 것을 해결하기 위해서, 만약 문자 및 숫자를 인식하는 프로그램을 개발한다면 어떻게 판단 조건을 넣어야 할 것인지 생각해 보도록 하겠습니다.

[그림 1-10] 문자 및 숫자 인식을 위한 필기체의 예

그림에서 첫 번째 글자는 숫자 1을 의미하고, 두 번째 글자는 숫자 2를 의미하고, 마지막 글자는 영문 알파벳 Z를 의미한다는 것을 사람이 직접 눈으로 판단하면 대부분이 같은 대답을 할 것이라고 생각됩니다. 하지만 컴퓨터에게 알아서 판단하라고 한다면 어떠한 조건을 넣어야 할 것인지 생각해 보아야 합니다.

숫자 1이라면 다음과 같이 컴퓨터에게 설명을 해 주어야 합니다.

"상단에서 하단으로 직선 형태이며 굴곡이 없는 형태"

같은 조건을 입력할 수도 있지만, 1은 완전한 직선 형태와 그림에서와 같은 형태가 있고, 그리고 2와 혼돈할 수도 있습니다. 사람은 그동안의 경험으로 어느 정도 판단이 가능하지만, 컴퓨터는 입력한 조건을 그대로 명확히 인식하기 때문에,

"어느 형태에서 어느 각도로 회전하고 직선 형태를 확인한다."

같은 조건이 입력되면 그와 조금이라도 다르면 다르게 인식이 될 것입니다. 이에 따라 컴퓨터도 사람과 같이 수많은 숫자와 문자 경험을 하고, 그에 맞게 나름대로의 판단 기준이 계속 추가되고 수정되어야 합니다. 머신러닝 기술을 활용한다면 컴퓨터는 다음과 같은 형태로 동작을 수행하게 됩니다.

[그림 1-11] 숫자 '1'에 대한 필기체 데이터

만약 숫자 '1'을 판단하는 머신러닝 시스템이 있다면, 그림과 같이 다양한 기존 사람들의 숫자 1 필기 데이터를 입력을 받게 되고 사용자가 필기

인식 시스템을 사용하면서 입력하는 숫자들도 계속 학습 데이터로 추가하게 됩니다. 추가된 데이터는 머신러닝 알고리즘에 의해 그 특성을 파악하여 컴퓨터 스스로 새로운 판단 기준을 계속 추가하거나 수정하며 보완합니다. 이를 통해 새로운 필기 글자가 들어오더라도 기존의 학습 데이터들과의 관계를 판단한 후에 가장 적합한 숫자로 인식하고 그에 맞게 처리하게 됩니다.

머신러닝은 사람과 마찬가지로 학습하며 그 결과를 나타내므로 100% 정확한 결론을 내야 하는 분야에서는 적합하지 않을 수 있습니다. 필기체의 경우도 사람의 필체에 따라 서로 못 알아보는 경우가 있기 때문입니다. 하지만 컴퓨터의 처리 속도와 저장 용량은 사람보다 월등하므로 사람으로 생각한다면 가장 좋은 학업 성취도를 나타내므로 가장 정확하고 효율적인 판단이 가능해지게 됩니다.

1.2.1.4 머신러닝 수행 절차

머신러닝을 수행하는 방법을 알아보기에 앞서, 먼저 머신러닝을 수행하는 전체적인 절차에 대해 알아보도록 하겠습니다.

머신러닝의 수행 절차는 다음과 같이 크게 두 가지로 나누어져 있습니다. 첫 번째로 데이터로부터 모델을 만드는 단계와, 다음으로는 만들어진 모델을 적용하는 단계가 있습니다.

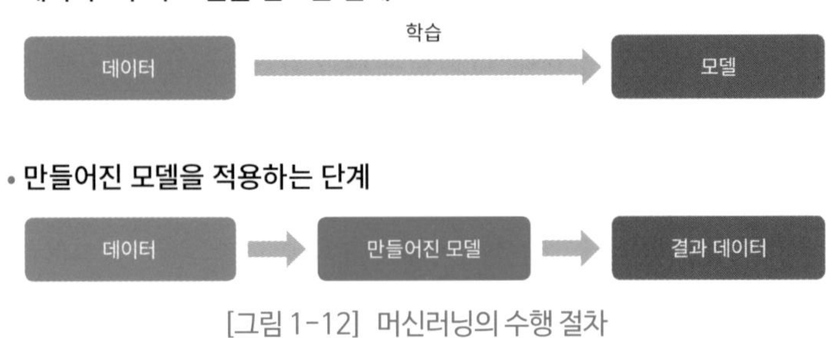

[그림 1-12] 머신러닝의 수행 절차

데이터로부터 모델을 만드는 단계는, 데이터를 수집하고 그 데이터를 직접 머신러닝에 활용할 수 있도록 특징을 파악하여 모델을 만들어 내는 단계를 이야기합니다. 이 단계를 통해 수많은 데이터에 대한 특성을 분석하고 그에 맞게 머신러닝이 올바로 수행될 수 있도록 하는 모델을 만들어 내게 됩니다.

데이터로부터 모델을 만들어 내는 단계는 데이터 수집, 데이터 전처리, 데이터 학습, 그리고 모델 평가 순서로 진행하게 됩니다.

데이터 수집은 머신러닝을 수행하기 위한 데이터를 최대한 많고 정확하게 가져오기 위한 단계이며, 이렇게 모인 데이터를 전처리 과정을 통해 효율적으로 머신러닝이 수행되도록 돕는 과정입니다.

우선 머신러닝의 첫 번째 단계인 데이터 수집 단계에 대해 알아보겠습니다.

머신러닝의 결과가 만족할 수 있도록 하게 위해서는 무엇보다도 머신러닝을 통한 판단을 위한 데이터의 양과 질이 모두 충족되어야 합니다. 따라서 머신러닝이 잘 동작하게 하기 위해서는 데이터를 잘 수집해야 하기 때문에 데이터 수집 단계는 매우 중요한 단계라 할 수 있습니다.

우선 데이터 수집 단계에서는 문제 정의를 통해 다음과 같은 질문에 답을 할 수 있도록 준비되어야 합니다.

- 해결하려고 하는 문제는 무엇인가?
- 문제의 답을 얻기 위해 필요한 데이터는 무엇인가?
- 데이터와 결과 사이에는 상관관계가 있는가?

이러한 문제 정의를 통해 데이터 수집을 위한 문제를 파악하고 그에 맞게 머신러닝에 활용될 데이터를 수집하는 단계로 이어져야 합니다.

본격적인 데이터 수집을 위해서는 데이터를 얻기 위한 방법을 생각해야 하며, 대표적으로 다음과 같은 데이터 수집 방법이 있습니다.

- 공개되어 있는 데이터 소스에서 원하는 데이터를 가져온다.
  예) 공공 데이터 포털(https://www.data.go.kr)
  서울 열린 데이터 광장(http://data.seoul.go.kr)
- 직접 데이터를 수집해서 활용한다.
- 조사, 실험 등을 통해 원하는 데이터를 생성한다.

위에서 제시한 데이터 수집 방법이 정답은 아니지만, 지속적이고 정확한 데이터를 활용해야만 머신러닝의 결과가 좋게 나타날 수 있으므로 항상 데이터 수집에 많은 노력을 기울여야 합니다.

위의 방법들을 하나하나 살펴보면, 먼저 공개 데이터를 활용하는 방법을 생각해 볼 수 있습니다.

지역별 온도와 인구, 국가의 주요 시설 위치 등 공공 분야에서 제공할 수 있는 데이터는 정부에서 공공 데이터 포털을 오픈하여 공개하고 있으므로 이를 활용할 수 있습니다.

공공 데이터 포털을 접속하여 원하는 데이터를 요청하고 그에 맞는 데이터를 제공받아 머신러닝에서 활용할 수 있으며, 공공 데이터 포털의 API 형태로 제공되는 데이터의 경우는 실시간으로 데이터가 제공되므로 실제 머신러닝 시스템과의 연동을 통해 실시간으로 학습하고 더 좋은 결과가 나타날 수 있도록 동작시킬 수 있습니다.

제공되는 데이터가 아닌 경우에는 상황에 따라 직접 데이터를 생성하거나 실험 등을 통해 데이터를 수집할 수 있습니다.

대표적으로 화학 분야의 연구와 같이 어떠한 실험에 의해 생성되는 다양한 데이터를 수집하여 머신러닝 학습을 통해 향후 결과를 예측할 수 있고, 이를 위해서는 직접 실험을 수행해야 하며, 그에 따라 발생하는 데이터를 수집하는 작업을 직접 수행해야 합니다.

실험으로도 수집할 수 없는 데이터는 직접 데이터를 수집하거나 생성하여 활용할 수 있는데, 이 방법은 직접 하는 한계로 인하여 데이터의 수나 질이 낮아질 수 있는 단점이 있지만, 이미 저장되어 있거나 실험되지 않은 데이터의 경우에는 불가피하게 데이터를 직접 만들어야 하므로 가장 마지막에 고려할 수 있는 데이터 수집 방법입니다.

이렇게 다양한 방법으로 수집된 데이터는 머신러닝을 수행하기 위한 일종의 재료가 되어 활용됩니다. 따라서 데이터의 수집은 모든 것을 무조건 수집한다는 생각보다는 머신러닝을 수행하려는 시스템의 목적에 따라 명확하거나 그 양이 많이 발생할 수 있도록 데이터를 수집하여야 합니다.

이러한 수집 단계를 완료하면 데이터가 머신러닝 시스템에서 잘 동작하도록 하는 다음 단계를 진행하게 되는데, 이 단계는 데이터 전처리라고 불리며, 수집된 수많은 데이터를 컴퓨터가 처리하기 쉽도록 정리하거나 필요하지 않은 데이터를 삭제하는 등의 작업을 수행하게 됩니다.

데이터의 수집이 완료되면 컴퓨터가 더욱 빨리 그리고 정확하게 데이터를 처리할 수 있도록 데이터 전처리 과정을 거쳐야 합니다. 데이터 전처리 과정은 컴퓨터가 처리하기 쉬운 형태로 단순화하거나 데이터를 정리하는 등 다양한 방법을 통해 이루어지게 됩니다.

먼저 값이 누락된 데이터를 정리하는 방법은 아래와 같습니다.

[표 1-1] 누락 데이터 정리

이름	나이	키	몸무게
김철수	29	175cm	80kg
김영희	27	160cm	50kg
홍길동	25		60kg

데이터가 충분한 경우 값이 누락된 데이터를 제거하는 방법을 활용합니다. 또한, 데이터가 제한적일 경우 누락된 값을 추정해서 채우는 작업을 통해 데이터를 정리하는 작업이 수행됩니다. 표의 비어 있는 부분인 홍길동의 키 데이터가 누락되었다고 가정한다면, 전체적인 머신러닝 시스템의 결과의 오차를 줄이기 위해 주변 값을 활용하여 누락된 데이터를 채우게 됩니다.

채우는 방법은 다른 데이터인 키를 평균하여 평균 되는 값을 채우거나, 임의의 값을 채우도록 하여 머신러닝 수행 시 오류를 줄일 수 있도록 하는 데이터 전처리 과정입니다.

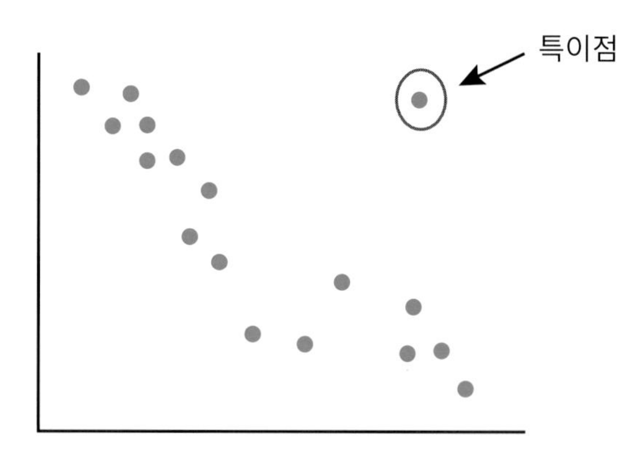

[그림 1-13] 특이점 제거 방법

다음 데이터 전처리 방법으로는 특이점 제거가 있습니다. 특이점은 머신러닝 결과에 영향을 미칠 수 있으나 매우 극소수의 데이터이므로 이를 제거하여 신뢰 구간에서의 신뢰성 있는 데이터만을 머신러닝 수행에 이용할 수 있습니다. 신뢰 구간을 정하고 학습 데이터 중 범위를 벗어난 값을 제거하는 방법으로 수행이 됩니다.

데이터 변환 방법은 수집된 데이터를 머신러닝에 적합한 값으로 변환하는 방법입니다. 데이터 변환을 통해 학습 성능을 향상시킬 수 있으며 이를 위한 기술로는 표준화, 정규화, 이산화 등이 있습니다.

표준화 방법은 데이터가 가우시안 분포를 따르고, 평균의 0, 편차는 1이라는 가정을 따르는 것으로 값을 표준화하는 방법입니다.

$$X = \frac{X - mean(X)}{st.dev}$$

정규화 방법은 데이터의 범위를 0과 1 사이로 한정하여 데이터 처리를 빠르게 할 수 있도록 합니다. 따라서 모든 데이터는 0과 1 사이에서 상대적인 거리로 평가되게 되며, 이를 통해 수치 해석이 빨라지므로 전체 머신러닝 시스템의 성능 향상에 도움이 됩니다.

$$X = \frac{X - min}{max - min}$$

이산화는 의사 결정 트리, 나이브 베이즈 기법 등에서 이산화된 값을 사용하는 것이 유리한 방법으로 다음과 같이 구간을 선택하는 방법입니다.

- 동등 폭: 구간을 동등한 폭으로 나눈다.
- 동등 빈도: 각 구간에 동등한 개수의 데이터가 존재하도록 나눈다.
- 민 엔트로피: 데이터의 무질서도가 가장 낮은 수준까지 나눈다.

다음으로 데이터 축소 방법이 있습니다. 데이터 축소는 데이터의 속성 중 예측력이 떨어지는 속성은 전체 모델에 기여하는 바가 적을 뿐 아니라 신뢰성을 떨어뜨리는 요소가 된다는 생각에서 시작된 방법입니다. 이런 문제를 해결하기 위해 아래와 같은 방법을 활용합니다.

- 예측력이 떨어지는 속성 자체를 제거한다.
- 고차원의 데이터를 저차원으로 변환한다.

또한, 너무 많은 데이터가 존재하는 경우 데이터가 중복되거나 불필요한 반복이 발생하는 문제가 발생할 수 있습니다.

이러한 문제를 해결하기 위해 원본 데이터의 분포를 그대로 유지하는 하위 집합을 선택할 수 있으며, 표본의 수를 축소하는 방식으로 무작위 데이터 추출과 성층법 등을 활용할 수 있습니다.

데이터 전처리에 따른 머신러닝 준비가 완료되면, 실제 데이터를 활용할 수 있도록 데이터를 학습하고 모델을 생성하게 되며, 생성된 모델이 적합한지를 평가하여 데이터의 무결성을 확보하고 머신러닝을 수행하게 됩니다.

데이터를 학습하기 위해서는 데이터를 학습하기 위한 방법과 그 알고리즘을 선택하여야 합니다. 문제의 종류와 수집된 데이터의 유형에 따라 적절한 학습 방법과 알고리즘을 선택할 수 있습니다. 이러한 알고리즘은 크게 지도 학습, 비지도 학습, 강화 학습으로 구분하고 있으며, 그 예로 다음과 같은 다양한 알고리즘이 존재하고 있습니다.

- 회귀분석, 분류, 클러스터링
- 서포트 벡터 머신, 의사 결정 트리, 나이브 베이즈 분류 등

이러한 알고리즘을 활용하여 데이터를 학습하고 모델을 생성하여 머신러닝 수행을 시작하여 원하는 예측 또는 검측 결과를 나타내게 됩니다.

생성된 데이터 모델이 제대로 된 것인지 확인하기 위해서는 평가 과정을 거쳐야 합니다.

모델 평가를 위한 데이터는 모델이 완성된 뒤에 모델을 평가하기 위해 데이터를 학습 데이터와 검증 데이터 두 가지로 나눠야 하며, 이러한 학습 데이터와 검증 데이터의 비율은 70:30 정도가 적당합니다.

학습 데이터로 모델을 학습시키고, 검증 데이터로 오류율을 확인하게 됩니다. 만약 데이터가 충분하지 못한 경우에는 교차 평가 방법을 수행하여 데이터를 평가하게 됩니다.

[그림 1-14] 교차 평가 방법

그림에서 보는 바와 같이 교차 평가는 학습 데이터와 검증 데이터를 임의로 설정하여 교차되게 평가하는 방식으로 여러 번 평가를 반복하게 됩니다.

이러한 교차 평가 방법은 다음과 같습니다.

- 먼저 데이터를 k개의 동일한 크기로 분할한다.
- 분할된 데이터 중 하나를 검증 데이터로 쓰고 나머지를 학습 데이터로 사용한다.
- 검증 데이터를 바꿔 가면서 2번을 반복한다.

1.2.2 딥러닝

1.2.2.1 딥러닝과 알고리즘 개요

딥러닝(Deep Learning)의 경우는 관련된 데이터를 빅데이터로 구성하고 분류하는데 사용하는 기술입니다. 예를 들면 사람은 사진을 인식하여 고양이, 개 등의 사물을 인지하고 구분할 수 있습니다. 하지만 컴퓨터는 사진만으로 구분하지 못합니다. 그렇기 때문에 기계학습(Machine Learning)을 통해 인지할 수 있도록 하고 있습니다.

기계 학습은 컴퓨터가 경험으로부터 배우고 스스로 학습할 수 있는 적응 메커니즘을 포함하고 있습니다. 학습 기능은 시간이 지남에 따라 자연스럽게 지능형 시스템의 성능을 향상 시킵니다. 기계학습에서 가장 유명한 접근 방법은 인공 신경망과 유전자 알고리즘입니다. 인공 신경망은 인간의 두뇌를 기반으로 한 추론 모델로 정의할 수 있습니다. 인간의 뇌는 매우 복잡하며, 비선형이며, 병렬 정보 처리 시스템으로 정보를 인지하고 판단합니다.

딥러닝은 기본적으로 인공 신경망을 대상으로 하여 입력 계층, 히든 계층, 출력 계층으로 구분하여 분류하고 시냅스에 해당하는 각 노드 간의 연결 부분의 가중치 값을 변경하여 가장 근사치에 맞는 결과를 찾아내는 것으로부터 시작합니다. 중간 계층의 히든 계층의 복잡도에 따라서 알고리즘 수행 결과를 연산하는데 시간이 달라질 수 있습니다.

딥러닝은 사람의 뇌와 유사한 인공 신경망을 구성하여 처리합니다. 즉 딥러닝의 계산은 그리 복잡하지 않지만, 많은 양의 데이터를 대상으로 분류하고, 병렬 연산을 가능하게 해주는 GPU(Graphics Processing Unit)를 활용하면 대량의 데이터 연산에도 연산 시간을 단축할 수 있습니다. 이와 같은 연산 속도의 개선은 가중치 계산에 상당한 효과를 발휘하고 있습니다.

딥러닝 알고리즘은 어떠한 문제를 논리적으로 해결하기 위한 일련의 절차와 문제를 해결할 수 있는 방법을 나타냅니다. 문제를 해결하는 방법과 절차를 컴퓨터 프로그래밍 언어를 적용하면 여러 가지 명령어들을 수행하고, 결과를 도출하여 문제를 해결할 수 있습니다. 이와 같이 알고리즘은 컴퓨터 프로그래밍 언어를 활용하여 각종 명령어들을 수행하여 해결하는 것을 말합니다.

딥러닝 알고리즘은 인간의 뇌의 구조를 활용하여 인공 신경망을 구성하고 다양한 계층으로 구성하여 학습합니다. 이러한 형태를 딥러닝(Deep Learning)이라고 합니다.

인간의 생물학적 신경망의 구조는 다음과 같습니다.

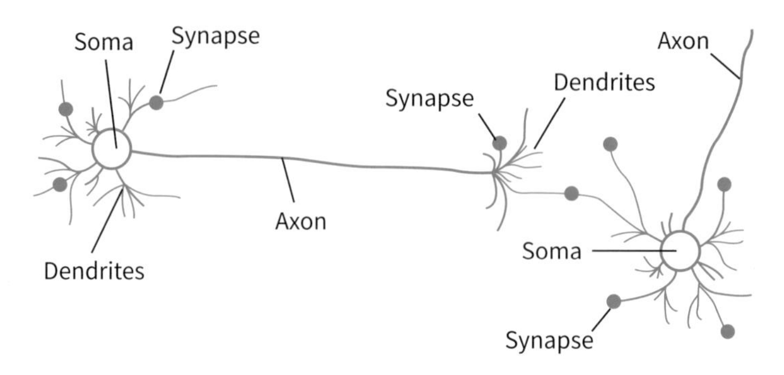

[그림 1-15] 생물학적 신경망의 구조(참고: Michael Negnevitsky, Artificial Intelligence - A Guide to Intelligent Systems, Second Edition)

신경망을 대상으로 전형적인 인공 신경망의 구조는 다음과 같습니다.

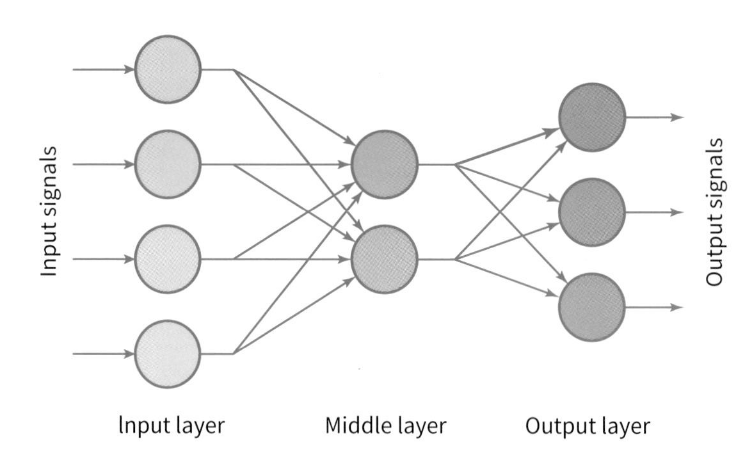

[그림 1-16] 인공 신경망의 구조 (참고: Michael Negnevitsky, Artificial Intelligence - A Guide to Intelligent Systems, Second Edition)

생물학적 신경망과 인공 신경망은 다음과 같이 연결될 수 있습니다.

[표 1-2] 생물학적 신경망과 인공 신경망

생물학적 신경망	인공 신경망
Soma	Neuron
Dendrite	Input
Axon	Output
Synapse	Weight

뉴런은 하나의 수를 담을 수 있는 변수라고 생각하면 이해하기 쉽습니다. 인공 신경망의 경우 뉴런을 대상으로 입력과 출력, 가중치를 통해 학습을 합니다. 뉴런은 어떻게 출력값을 결정할까요? 하는 의문이 결국은 인공 신경망을 통해 딥러닝을 위한 다양한 알고리즘을 탄생하게 하였습니다.

1943년 Warren McCulloch와 Walter Pitts는 인공 신경망의 기초가 되는 아이디어를 제안하였으며, 인공 신경망 알고리즘의 토대가 되었습니다. 뉴런은 입력 신호의 가중치(weight) 합을 계산하고 그 결과를 다시 임계값(threshold)과 더하는 형태로 출력값을 결정합니다. 입력값이 임계값보다 작은 뉴런 출력은 -1이라는 값을 가지고, 입력값이 임계값보다 크거나 같은 뉴런이 활성화되고 출력값은 +1이 됩니다. 이때 뉴런은 다음과 같은 함수를 사용합니다.

$$X=\sum_{i=1}^{n} x_i w_i \qquad Y=\begin{cases} +1 & \text{if } X \geq \theta \\ -1 & \text{if } X < \theta \end{cases}$$

이러한 함수를 활성화 함수(Activation Function)라고 합니다. 활성화 함수는 출력값을 +1로 할지 -1로 할지 결정할 수 있습니다.

딥러닝 알고리즘에서 활성화 함수의 종류에는 여러 가지가 있지만, 다음과 같이 크게 4가지 종류에 대해서 다루면서 활성화 함수에 대하여 이해하도록 하겠습니다.

- step function
- sign function
- sigmoid function
- linear function

컴퓨터 내부적으로는 0과 1의 2진수로 모든 연산과 값이 표현되는데, 0과 1의 값을 활성화 함수도 OR, AND, Exclusive-OR 연산을 대표되는 활성화 함수가 다음과 같습니다.

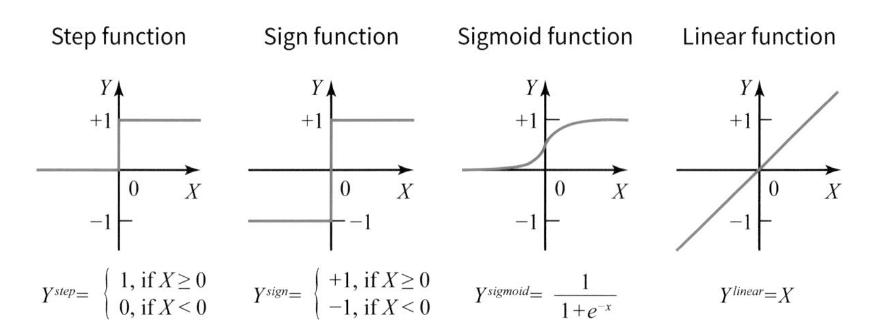

[그림 1-17] 뉴런의 활성화 함수(Activation Function)

딥러닝 알고리즘으로는 지도 학습과 비지도 학습 알고리즘으로 분류할 수 있습니다. 주요 알고리즘으로는 퍼셉트론, 헤비안, 역전파 등이 있습니다. 인공 신경망을 대상으로 간단한 형태에서 신경망에서 복잡도가 높은 신경망을 대상으로 입력과 출력, 가중치를 보정하는 형태로 대부분의 알고리즘이 진행됩니다.

CHAPTER 2

인공지능 알고리즘

TensorFlow

2.1 지도 학습

컴퓨터에게 지속적인 학습을 통해 사람과 같이 스스로 결정을 하고 예측을 할 수 있도록 하는 것이 머신러닝입니다.

이와 같은 머신러닝을 위해서는 학습을 하는 과정과 그를 통해 결정을 하는 최적의 알고리즘이 필요합니다.

이러한 역할을 하는 머신러닝 기술에는 다양한 방법이 있으며 이를 크게 지도 학습, 비지도 학습, 강화 학습으로 나누게 됩니다.

이번에는 머신러닝에서 활용되는 지도 학습에 대해 알아보고, 지도 학습으로 수행되는 다양한 알고리즘의 동작 방법에 대해 알아보도록 하겠습니다.

2.1.1 지도 학습 개요

[그림 2-1] 머신러닝 적용 단계

그림에서 보는 바와 같이, 머신러닝을 적용하기 위해서는 우선 샘플 데이터를 많이 수집하여야 하고, 모여진 데이터를 활용하여 어떠한 결론을 내기 위한 알고리즘을 학습해야 합니다. 이를 통해 최적의 알고리즘을 찾고, 그것을 활용하여 적절한 답을 결정하는 단계가 이루어져야 합니다. 이러한 단계를 위해 컴퓨터가 학습하는 방법 중, 우선 지도 학습에 대해 알아보도록 하겠습니다.

지도 학습은 컴퓨터에게 어떤 것이 맞는 답인지를 지정해 주는 형태의 학습 방법으로 목적값(Target Value)이 있고, 이를 통해 컴퓨터는 지정해 준 답과 비슷한 것을 판단해서 맞는 것이 무엇인지 판단하는 역할을 합니다. 이러한 판단을 하기 위해 수많은 데이터를 활용하여 학습을 하고 판단하는 과정을 반복하여 수행하게 됩니다.

예를 들면 지도 학습은 특정 목적 답을 찾기 위해 학습을 수행하는 것이므로 사진에 나타난 것이 사과인지 아닌지를 결정하는 것과 같은 역할을 수행하는 데에 활용되게 됩니다.

다른 예로, 아파트 크기에 따른 매매 가격을 확인한다고 하면 전국의 아파트 평형별 가격을 데이터로 하여 학습을 수행하게 하고, 그 결과에 따라 '아파트가 몇 평이면 가격은 얼마인가?'라고 질문을 하고 그에 맞게 컴퓨터가 답을 하는 방식입니다. 또는 아파트 크기만이 아니라 지역의 정보도 함께 학습한다면, 아파트의 지역과 크기를 고려하여 새롭게 건설되는 아파트의 가격을 예측하는 머신러닝이 수행될 수 있습니다.

이와 같이 지도 학습은 아파트의 예에서는 가격이라는 목적값(Target Value)을 설정하고 그 결과가 나타날 수 있도록 하는 학습 방법입니다.

지도 학습을 수행하는 방식은 분류(Classification)와 예측(Regression)이 있으며, 이에 대해 더 자세히 알아보도록 하겠습니다.

2.1.2 분류와 예측

분류는 이전까지의 학습한 데이터를 기초로 컴퓨터가 결과를 판별하는 방법으로 목적값의 연속성이 없이 몇 가지 값으로 분류됩니다.

스팸 메일을 골라야 할 때, 컴퓨터는 학습된 데이터를 기초로 판단하는 것과 같은 동작이 분류입니다. 이러한 분류의 간단한 예를 들자면 스팸 메일을 분류할 때 '스팸이다/아니다'와 같이 정확한 목적값을 통해 분류하는 것 입니다.

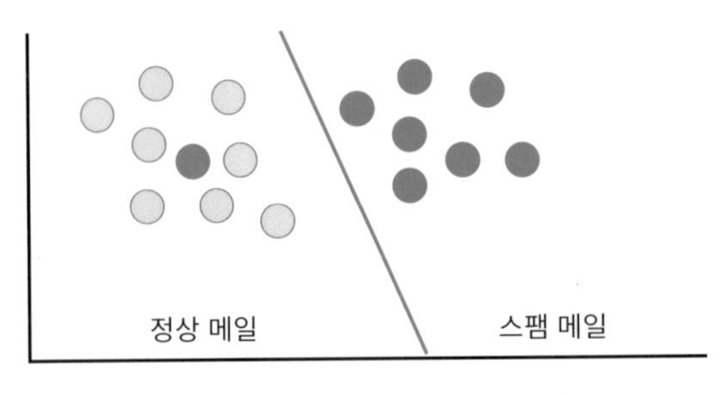

[그림 2-2] 스팸 메일 판단의 예

스팸 메일을 판단하는 데 있어 그림과 같은 상태에서 어떠한 순서로 동작이 이루어지는지 확인해 보도록 하겠습니다

우선 컴퓨터는 수많은 스팸 메일을 받아서 학습을 할 수 있도록 합니다. 이때 입력되는 메일들은 모두 스팸이라는 것을 가정하고, 컴퓨터에 학습시키므로 컴퓨터는 해당 메일을 분석하여 어떠한 특성이 있는지를 파악하게 됩니다.

그림과 같이 정상 메일 안에서 소수의 스팸 메일이 제대로 분류되지 않고 있을 수도 있지만, 머신러닝은 최대한 정확하게 스팸과 정상 메일을 분류할 수 있도록 지속적으로 학습하고 그에 따라 새로운 메일에 대해 스팸인지 아닌지를 판단하게 됩니다.

예측은 일종의 회귀분석으로 $F(x) = x + 2$와 같이 단순한 선형 회귀분석으로 예측할 수 있습니다. 쉽게 설명하면, 목적값이 분류와 같이 정확히 떨어지는 것이 아니라 연속성이 있는 것이 특징입니다.

쉬운 예로 아파트 크기에 따른 매매 가격을 알아보기 위해서는 목적값이 아파트의 가격이며, 분류에서의 '스팸이다/아니다'와 같이 정확한 두 가지의 정답이 있는 것이 아닌 아파트의 가격이 어느 정도일지 예측을 하게 되는 것입니다.

이와 같이 예측과 분류의 큰 차이는 목적값이 연속성이 있는가, 아닌가에 따라 구분되게 됩니다. 아파트 매매 가격을 분석하는 방법을 지도 학습에서 예측 방법으로 다시 한번 정확한 동작을 설명하면 다음과 같습니다.

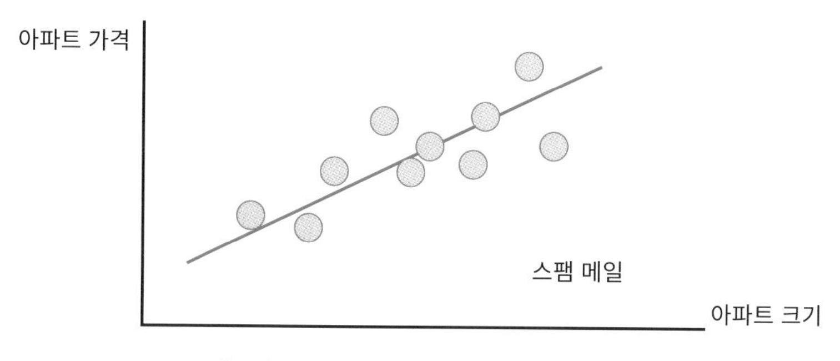

[그림 2-3] 아파트 크기에 따른 가격 예측

그림에서와 같이 아파트의 크기에 따라 가격이 형성되어 있다고 가정하면, 보통은 아파트 크기가 클수록 가격이 높게 형성되는 것을 알 수 있습니다. 이러한 판단을 사람이 하는 것이 아니라, 컴퓨터가 아파트 크기와 가격 데이터만 받아서 사람과 같이 학습을 하여 예측하게 됩니다.

이러한 동작을 위해 전국의 수많은 아파트 매매 가격을 컴퓨터에 입력하고, 학습한 데이터에 의해 특성을 파악하여 컴퓨터가 스스로 아파트 크기에 따른 가격을 정리하게 됩니다. 이를 통해 아파트 크기를 새롭게 제안하면 컴퓨터는 가격이 어느 정도가 될 것이라고 예측하게 됩니다. 따라서 예측은 지역이나 주거 형태 등 수많은 부동산 정보를 학습하여 부동산 가격 추이를 예측하는 것과 같은 분야에서 활용될 수 있습니다.

지도 학습을 수행하기 위해서는 컴퓨터가 이해할 수 있는 방법으로 구현이 되어 동작을 수행하도록 해야 합니다. 따라서 지도 학습을 수행하기 위한 다양한 알고리즘이 존재합니다.

그럼 이제부터 본격적으로 지도 학습을 수행하기 위한 알고리즘이 무엇이 있는지 그 종류를 알아보고, 실제 어떠한 방식으로 동작을 수행하는지 자세히 알아보도록 하겠습니다.

2.1.3 kNN

새로운 음악을 만들어 낸 제작자가 있다고 하면, 내가 만든 음악은 어느 장르에 포함되는 것이 좋을 것인지 생각해 볼 수 있습니다. 음악 포털 사이트에 접속해 보면 다음과 같이 다양한 형태의 카테고리로 음악을 구분하고 있습니다.

[표 2-1] 음악 장르 구분

한국 대중 음악 카테고리							
발라드	댄스	랩/힙합	R&B	인디음악	락/메탈	트로트	포크/블루스

위의 구분에 의한다면, 내가 제작한 음악은 어느 장르에 포함되어야 할까요?

그리고 만약 결정이 되었다면, 그 구분을 하였던 논리적인 기준이 정확히 제시되어 있는 것일까요?

만약 내가 제작한 음악이 트로트 느낌이 나지만, 댄스곡의 형태도 보여진다면 어디에 속해야 할까요?

이와 같이 특히나 문화 예술 분야에서는 더더욱 정확한 논리적 근거를 만들어 분류를 할 수 없습니다. 그렇다면 현재는 어떠한 방식으로 노래의 장르를 구분하는지 생각해 보면 다음과 같은 형태로 구분을 하는 경우가 많을 것입니다.

- 노래를 제작한 사람이 결정
- 기획사가 결정
- 관련 전문가들이 결정
- 많은 사람이 느끼는 분야로 시간이 흐르며 자연스럽게 결정

이러한 내용은 결국, 명확한 논리적 구분이 되는 것이 아니라 경험에 의한 데이터를 기반으로 사람이 판단하여 결정하고 있는 것입니다.

그와 반대로 영화를 제작하였는데 장편 영화인지 단편 영화인지 판단은 다음과 같이 명확한 기준을 만들어 판단할 수 있습니다.

- 재생 시간을 기준으로, 몇 시간 이상이면 장편, 이하이면 단편
- 시리즈의 편 수를 기준으로, 몇 편 이상이면 장편, 이하이면 단편

이와 같이 논리적 구분이 가능한 부분과 그렇지 않은 분류가 존재하며, 논리적 구분이 어렵다면 기존의 구분된 정보를 분석하여 최대한 그에 가까운 것으로 판단하는 것이 필요하고, 이를 위해 학습이 필요합니다.

이렇게 기존 정보를 바탕으로 학습하여 새로운 정보를 분류하는 머신러닝 작업이 분류에서 필요하게 됩니다.

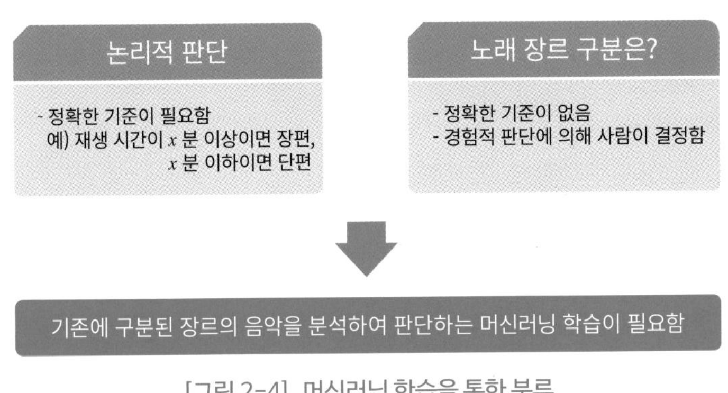

[그림 2-4] 머신러닝 학습을 통한 분류

이와 같이 머신러닝을 수행하기 위해서는 다양한 알고리즘이 존재하는데, 그중에서 kNN(K nearest neighbors) 알고리즘에 대해 먼저 알아보도록 하겠습니다.

kNN은 최근접 이웃 알고리즘이라고 불리우며, 새로운 데이터의 분류를 알기 위해 사용하는 알고리즘입니다. 여기에서 가장 중요한 것은 k값입니다. k값은 기존의 데이터와 새로운 데이터를 비교하여 새로운 데이터와 가장 인접한 데이터 k개를 선정하게 되는 것으로 이러한 절차를 통해 k개의 데이터가 가장 많이 속해 있는 분류를 선택하게 되고, k값에 의해 결정된 분류를 새로운 데이터의 분류로 확정하게 되는 작업을 반복하게 됩니다.

만약 숫자 인식 프로그램에서 kNN을 활용한다면 다음과 같은 절차로 알고리즘이 수행되게 됩니다.

먼저 숫자 인식을 위해 사용자의 필기 입력 데이터를 받고, 기존의 필기 데이터들과 새로 입력된 필기 데이터를 비교하여 *k*개의 비슷한 기존의 필기 데이터를 선정하게 됩니다. 이를 통해 새로운 필기 데이터가 기존 데이터와 비교하여 어디와 가장 가까운지를 판단하여 *k*값에 의해 결정된 분류를 입력된 데이터의 숫자로 판단하게 되는 절차로 알고리즘이 수행되게 됩니다.

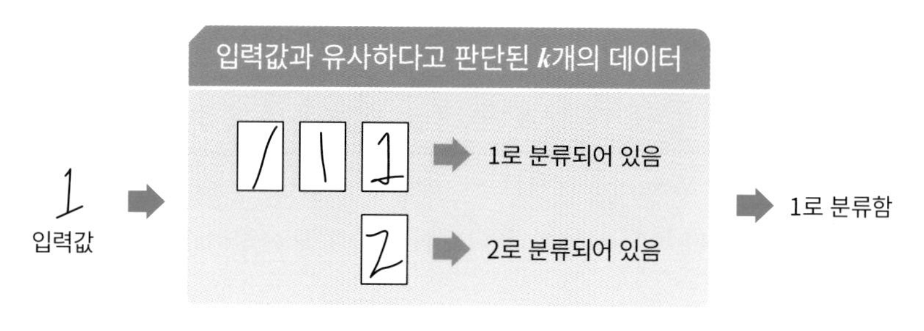

[그림 2-5] kNN을 활용한 숫자 인식의 예

kNN은 머신러닝에서 많이 활용되고 있으며 다음과 같이 장점과 단점이 존재 합니다.

① kNN의 장점

- 알고리즘이 간단하여 구현하기 쉽다.
- 수치 기반 데이터 분류 작업에서 성능이 좋다.
- 기존 분류 체계값을 모두 검사하여 비교하므로 정확한 결과를 얻을 수 있다.

- 비교하여 가까운 상위 *k*개의 데이터만 활용하므로 오류 데이터는 비교 대상에서 제외되고, 이를 통해 오류 데이터가 결괏값에 크게 영향을 미치지 않는다.
- 기존의 데이터를 기반으로 하므로, 가정이 아닌 실 데이터 기반으로 비교하게 되어 데이터에 대한 가정이 없다.

② kNN의 단점

- 학습 데이터의 양이 많으면 분류 속도가 느려진다. 그 이유는 기존 모든 데이터를 비교해야 하고, 기존 데이터가 많을수록 느려지게 된다. 이를 통해 처리 시간이 계속 증가하게 된다.
- 기존 데이터를 모두 활용해야 하고, 이 때문에 데이터 활용을 위한 메모리를 많이 사용하게 된다. 또한, 데이터의 양에 따라 정확도는 올라가지만 높은 사양의 하드웨어가 필요한 단점이 있다.

kNN을 적용하기 위한 예제로, 음악에 따라 장르를 결정하는 단계를 수행해 보면 다음과 같다.

우선 수치형 값 위주로 kNN을 적용하는 것이 좋습니다. 따라서 노래의 장르를 선택하는 방법은 다음과 같은 가정을 두고 선택하도록 하겠습니다.

- 댄스는 비트가 빠르다.
- 발라드는 비트가 느리다.

이와 같은 가정이 있다면, 아래의 그림과 같이 BPM(Beats Per Minute)이라는 수치를 활용하여 각 음악에 대해 비트값을 입력받아, 기존의 데이터가 분류된 것과 비교하여 가장 가까운 분류에 맞게 새로운 비트에 대한 음악 분류를 수행하게 됩니다.

노래 제목	BPM(Beats Per Minute)	장르
A	90	발라드
B	150	댄스
C	130	댄스
?	140	?

노래 제목	BPM(Beats Per Minute)	*k* 값
A	90	-50
B	150	10
C	130	-10
?	140	0

→ 댄스

[그림 2-6] kNN의 적용

kNN 알고리즘을 실제 사례에서 어떻게 활용되고 있는지 실제 사례를 통하여 좀 더 자세히 알아보도록 하겠습니다.

첫 번째로, 융합 기술 특허 문서에서 IPC 분류를 예측하는 것을 kNN을 활용하는 방법입니다. 특허에서 IPC 분류는 일종의 카테고리로 이 특허가 어느 부분에 포함되어 분류가 되는지를 결정하는 것입니다.

[표 2-2] 국제 특허의 IPC 분류

Section	Description
A	생활 필수품(Human Necessities)
B	처리 조작(Performing Operations)
C	화학, 야금(Chemistry, Metallurgy)
D	섬유, 지류(Textiles, Paper)
E	고정 구조물(Fixed Constructions)
F	기계공학(Mechanical Engineering)
G	물리학(Physics)
H	전기(Electricity)

표에서와 같이 국제 특허는 A~H로 섹션이 구분되어 특허가 어느 곳에 속하는지 분류를 하여 관리하고 있습니다. 한 예로 한국의 특허 중 '양자점을 이용한 식물 생장용 LED'의 IPC를 살펴보면 다음과 같이 분류가 되어 있습니다.

- H01L33/50(파장 변환 요소들)
- B82B1/00(원자, 분자 형태의 나노 구조)
- A01G7/00(식물 생태 일반)
- C09K11/00(발광성 물질)

이와 같이 IPC 특허 분류는 한 개가 아닌 그 특성에 따라 여러 가지의 분류가 포함되어 설정되고 있고, 특히 융합 기술은 다양한 분류가 적용되어 어느 곳에 분류해야 할지 쉽게 판단할 수 없기 때문에 이 사례에서는 kNN을 활용하여 다음과 같은 단계로 새로운 특허의 IPC 분류를 예측하는 모델을 만들어서 활용하였습니다.

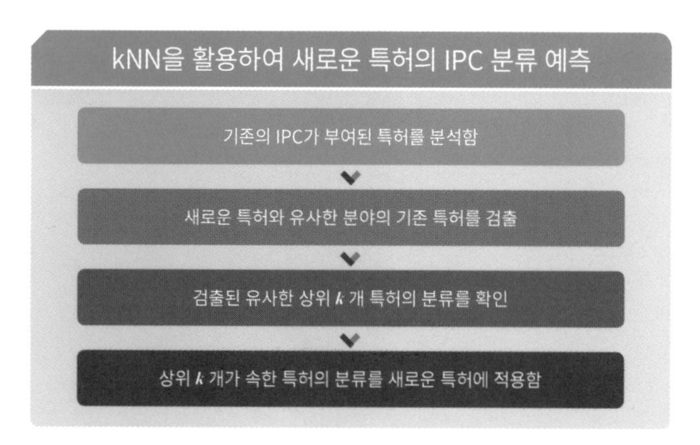

[그림 2-7] kNN을 활용한 IPC 분류 예측

새로운 특허가 접수되면 기존의 IPC가 부여된 특허를 분석하여 그와 유사한 부분을 검출하고, 이를 통해 kNN을 활용하여 가장 근접한 분류와 동일하게 IPC를 부여하는 방식으로 특허 분류에 활용하였습니다.

본 연구에 의하면 총 6,233개의 문서 분류를 예측하여 1,121개의 문서는 100% 정확히 예측을 하였고, 많은 수의 문서가 50% 이상 예측을 하는 결과를 나타냅니다.

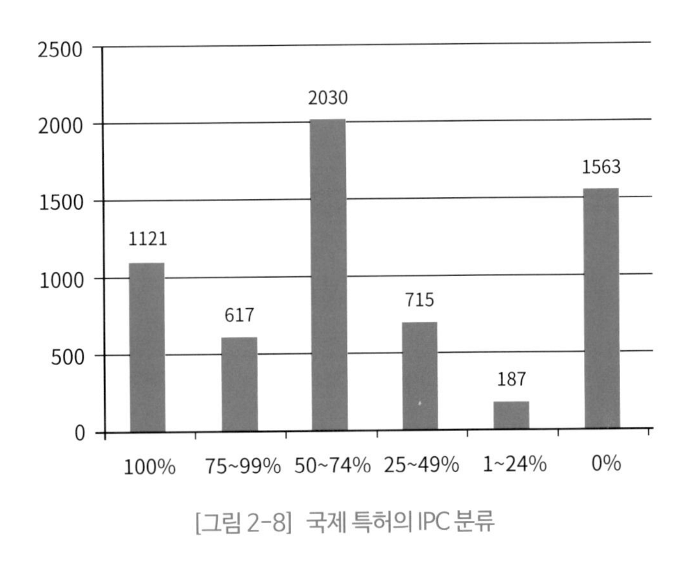

[그림 2-8] 국제 특허의 IPC 분류

두 번째 사례는, 고속도로 통행 시간을 kNN을 활용하여 예측하는 연구를 수행한 것으로 현재 실시간 교통 정보는 현재 시간의 정보는 알 수 있지만, 출발 후 향후 교통 상황을 예측하는 것은 불가능한 단점이 있습니다. 또한, 교통 예보 지원 시스템은 기존 자료만 활용하고, 실시간 자료를 반영하지 않고 있어, 통행 패턴이 과거와 상이하면 정확도가 낮은 단점을 가지고 있습니다. 하지만 사용자는 현재 출발하여 도착지까지 어느 정도 시간이 걸릴지 실시간이면서 향후 교통 상황을 예측하여 정확한 결과를 알려주기를 바랍니다.

이에 고속도로 통행 시간을 정확히 예측하여 제공하기 위해서 다음과 같은 단계로 kNN을 활용하여 고속도로 통행 시간을 예측하도록 구현한 사례가 있습니다.

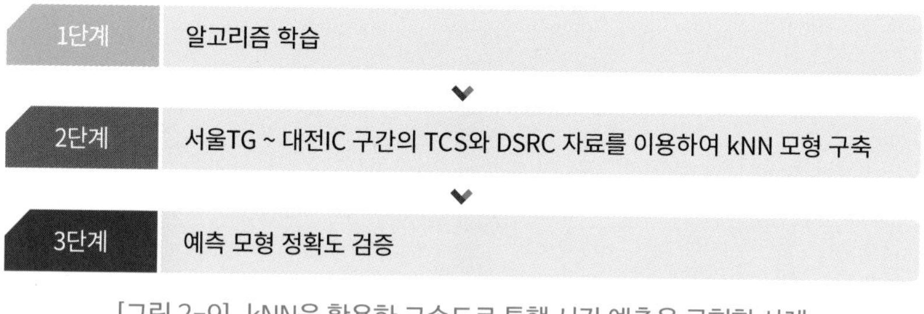

[그림 2-9] kNN을 활용한 고속도로 통행 시간 예측을 구현한 사례

그 결과 서울 톨게이트에서 대전 톨게이트까지 통행량 예측 오차율을 비교해 보면 다음과 같은 결과가 나타납니다.

기존의 방법인 ARIMA라는 고속도로 통행 예측 방법에 비하여 kNN 방법이 오차율이 낮게 나타납니다. 그 이유는 기존의 방법은 실시간 특성을 반영하지 않았고, kNN은 기존의 데이터와 실시간 데이터를 비교하여 예측하였기 때문에 더 오차가 낮아질 수 있게 되는 것입니다. 또한, kNN을 위한 기존의 데이터가 더 많이 축적된다면 오차율은 더욱 낮아질 수 있을 것을 예상하였습니다.

[표 2-3] 예측 데이터 오차

Method	MAPE(%)
ARIMA	24.5
Exponential Smoothing	26.7
kNN	7.0

위에서 살펴본 사례를 통해 알 수 있듯이, kNN은 기존의 데이터를 분석하여 새로운 데이터가 기존의 데이터의 어디와 가까운지를 체크하여 그에 맞는 분류를 선택함으로써 정확하게 분류를 수행해 줄 수 있는 머신러닝 알고리즘이라는 것을 확인할 수 있습니다.

2.1.4 SVM(Support Vector Machine)

앞서 살펴본 kNN과 같이, SVM은 머신러닝에서 분류를 위한 하나의 다른 알고리즘이라고 할 수 있습니다. 따라서 kNN과 SVM의 수행 목적은 분류를 한다는 것은 같지만 그 방법에 있어 차이가 있고, 상황에 따라 장점과 단점이 다르기 때문에 SVM을 알아보고 어느 부분에 활용해야 할지 생각해 보아야 합니다.

SVM은 Support Vector Machine의 약자로, Support Vector라는 것과 Hyperplane(초평면)이 주요 개념으로 신경망에 비하여 간결한 알고리즘으로 분류나 회귀분석에서 사용 가능하지만 주로 분류에서 많이 활용됩니다.

SVM은 기본적으로 Hyperplane이라는 초평면을 활용하여 분류를 하는 방식을 사용합니다.

SVM의 동작을 알아보기 위해 중요 개념인 선형 분류에 대해 알아보면, 평면 상태에서 기준에 의해 분류하는 것으로 초평면에 의해 분류가 가능한 상태를 보여 줍니다.

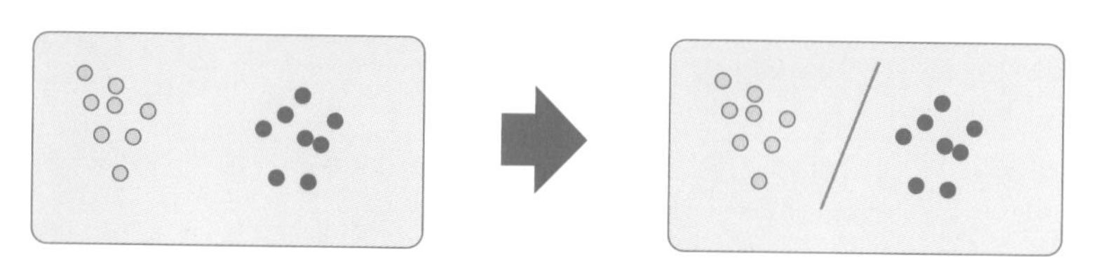

[그림 2-10] 선형 분류

그림에서와 같이 선형 분류라는 것은 어떠한 초평면(그림에서 직선 상태로 되어 있는 것)을 설정하고 그것을 기준으로 분류가 가능한 것을 말합니다. 따라서 선형 분류를 할 수 있도록 데이터의 특성에 따라 초평면의 위치를 잘 설정해 주어야 합니다.

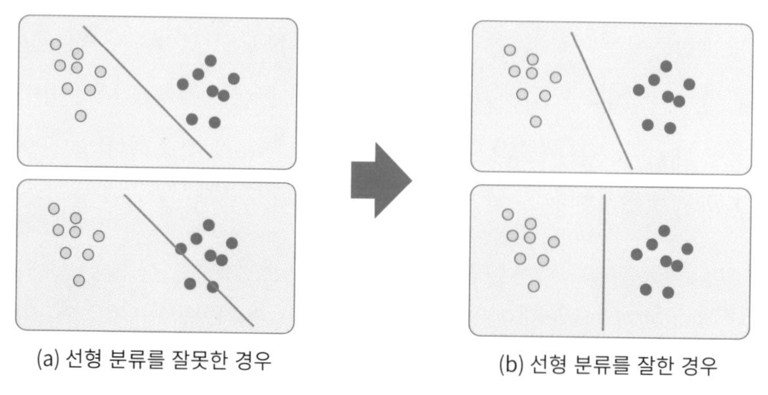

[그림 2-11] 선형 분류를 잘한 경우 vs 잘못한 경우

그림에서 보면(a)의 선형 분류는 어느 한쪽에 치우치거나 공통되는 공간이 여유가 없는 형태로 분류되어 있어 잘못한 분류로 볼 수 있습니다. 하지만(b)의 선형 분류는 양쪽 데이터와 균등한 위치에 기준을 세움으로써 데이터를 균형 있게 잘 분류가 된 것을 알 수 있습니다. 이와 같이 선형 분류를 수행하기 위해서는 오른쪽과 같이 데이터의 특성을 잘 분류하면서 여유 공간까지도 균등하게 나타날 수 있는 초평면을 설정하는 것이 매우 중요합니다.

SVM에서 Support Vector를 통한 분류 방법을 자세히 알아보면 다음과 같습니다.

우선 최고의 마진을 가져갈 수 있는 방법으로 분류 기준을 세우고, 비어 있는 마진이 많아야 새로운 데이터가 들어와도 분류가 잘될 가능성이 크게 됩니다.

만약 여유 공간이 많지 않다면, 새로운 데이터가 어느 부분에 분류되어야 할지를 모호하게 판단할 수 있으며, 새로운 데이터가 들어와야 할 부분에 대한 여유가 없게 됩니다.

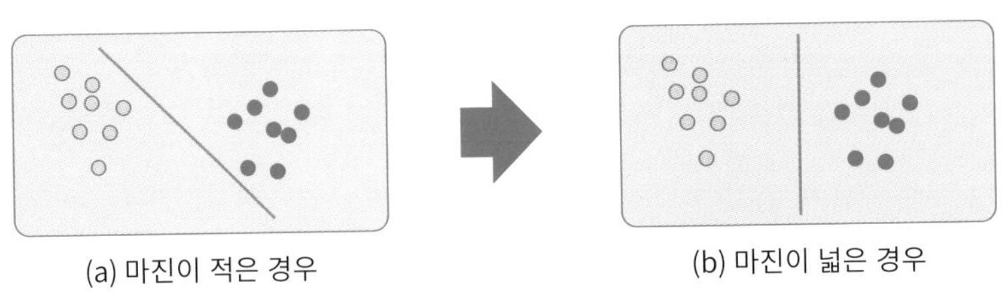

[그림 2-12] 마진이 적은 경우와 넓게 한 경우의 분류

그림의 (a)보다는 결론적으로, (b)와 같이 마진이 많이 남는 방향으로 초평면이 설정되어야 합니다.

이러한 SVM은 다음과 같은 장점을 가지고 있습니다.

- 범주나 수치 예측 문제에 사용
- 오류 데이터에 영향이 없음
- 과적합이 되는 경우가 적음
- SVM 알고리즈밍 신경망보다 사용하기 쉽도록 구성된 것이 많음

하지만 SVM도 다른 알고리즘과 같이 다음과 같은 단점이 있으므로 가장 적합한 상황에서 활용이 되어야 합니다.

- 최적의 모델을 찾고 커널과 모델에서 다양한 테스트가 필요하기 때문에 여러 개의 조합 테스트가 필요함
- 입력 데이터 셋이 예제 개수와 속성수가 많을 경우 학습 속도가 느려질 수 있음
- 해석이 어렵고 복잡한 블랙박스 형태로 되어 있으나 해석이 불가능한 것은 아님

SVM을 위해 초평면을 적절하게 잘 설정하였다면, 다음과 같이 최적화 작업을 수행하게 됩니다.

먼저 데이터 특성에 따라 분류를 수행합니다.

일부 오류를 감안할 것인지, 최적 마인을 목표로 할 것인지 하나의 핵심 지표를 결정해야 하고, 우선 오류가 일부 발생하더라도 마진을 최대한 넓게 하는 방법이 있으며, 아니면 오류가 절대 발생하지 않도록 하는 것이 더 중요한 경우도 있을 수 있습니다.

(a) 오류가 절대 발생하지 않음 (b) 최대한 마진 확보

[그림 2-13] 오류가 절대 발생하지 않는 것과 최대한 마진을 확보하는 방법

그림의 (a)에서와 같이 절대 오류를 범하지 않도록 초평면을 설정하여 분류를 수행하는 경우가 있을 수 있으며, (b)와 같이 오류를 일부 허용하고 최대한 넓게 마진을 확보하는 경우도 있을 수 있습니다.

SVM에서 마진이 넓은 것을 최우선으로 하는 것을 데이터 일반화라고 할 수 있으며, 이는 일부 오류가 발생할 수 있지만 새로 들어오는 데이터에 대해서는 마진이 넓어 분류가 잘될 가능성이 높은 특성이 있습니다.

만약 오류 가능성을 최소로 하는 경우에는 데이터를 일반화하지 않으며, 오류는 발생할 가능성이 거의 없지만, 새로 들어오는 데이터에 대해서는 마진이 좁아 분류가 잘못될 수 있습니다. 이 두 가지 방향성은 어느 하나가 무조건 좋다고 할 수 없으며, SVM을 활용하는 데이터의 형태에 따라 데이터 일반화를 적용하여야 합니다.

지금까지 알아본 바와 같이 데이터가 선형으로 잘 분류가 되는 경우라면 SVM의 동작은 매우 쉽게 해결될 수 있습니다. 하지만 비선형 데이터로 구성이 되어 있다면 분류가 쉽게 되지 않습니다.

그렇다면 먼저 비선형 데이터가 무엇인지 알아보도록 하겠습니다.

비선형 데이터는 선형 데이터와 달리, 초평면으로 데이터가 일정하게 나누어져 있지 않은 경우를 이야기합니다. 더 쉽게 생각하면, 하나의 직선 형태로 단순하게 분류가 불가능하고 곡선 형태로 분류를 해야하는 복잡한 형태의 데이터 분포입니다.

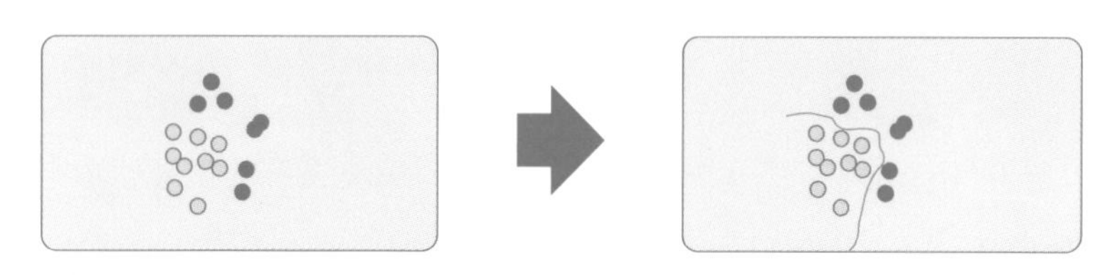

[그림 2-14] 비선형 데이터의 분류

따라서 비선형 데이터는 그림에서와 같이 곡선의 형태로 분류해야 하지만, 이렇게 된다면 분류 기준이 매우 복잡하고 식으로 해결되기 쉽지 않은 형태가 될 수 있어 연산이 많아지는 결과만 발생할 수 있습니다.

따라서 비선형 데이터의 분류는 위상 변화를 통하여 초평면으로 분류하는 방법을 사용하게 됩니다.

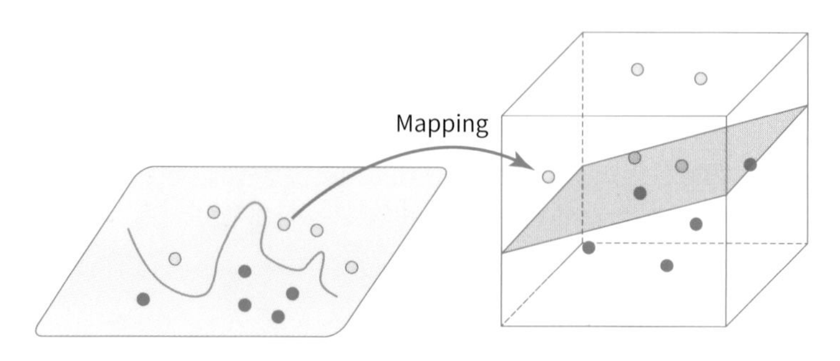

[그림 2-15] 데이터 위상 변화를 통한 분류

그림에서와 같이 데이터의 위상을 변화하여 초평면에 의해 분류가 가능하게 하면 구별이 가능한 방향으로 매핑시켜 새로운 공간 영역으로 변환할 수 있습니다. 따라서 이러한 새로운 공간 영역에서는 초평면에 의해 분류가 가능해집니다.

1차원 형태의 평면에서 분류가 불가능할 경우 3차원 형태로 변경하면 데이터의 분류 상태가 다르게 보일 수 있고, 그에 맞게 직선이 아닌 면 형태로 하여 초평면을 만들고 분류를 할 수 있게 됩니다. 이와 같이 데이터의 분류가 복잡하게 되어 있다면 위상을 변화하여 초평면을 만들고 분류할 수 있습니다.

또한, 1차원에서는 직선으로 구분이 불가능하여 원형으로 되어 있던 데이터를 3차원으로 변경하면, 그 데이터가 하나의 면 형태를 기준으로 분류가 가능한 것을 볼 수 있습니다. 이것이 바로 매핑을 통한 선형 구별 방법입니다.

다음으로 커널 트릭이라는 것이 있는데, 커널 대체라고도 불립니다.

커널 트릭은 저차원에서 선형 구분이 불가능한 데이터를 고차원으로 변경해야 하고, SVM은 최직선과의 거리 기반이므로 고차원 공간에서 두 벡터 X,Y의 거리를 필요로 하게 됩니다. 이렇게 고차원으로 변경된 데이터를 선형적으로 구분하게 되는 것을 커널 트릭이라고 합니다.

커널 트릭은 활용할 수 있는 연산은 내적 연산만 가능하고, 커널 트릭을 수행할 때 사용하는 함수를 커널 함수라 부릅니다.

커널을 사용할 때에는 최적화에 대한 복잡도에 영향에 대해 살펴보면 다음과 같습니다.

이전 입력 공간의 영향을 받게 되지만, 옮겨진 특징 공간의 복잡도에 영향을 받지 않으며, 매핑을 통해 무한대의 공간으로 확장되어도 최적화에 대한 문제가 없습니다.

커널을 위한 함수로는 대표적으로 다항 커널과 가우시안 커널이 활용됩니다.

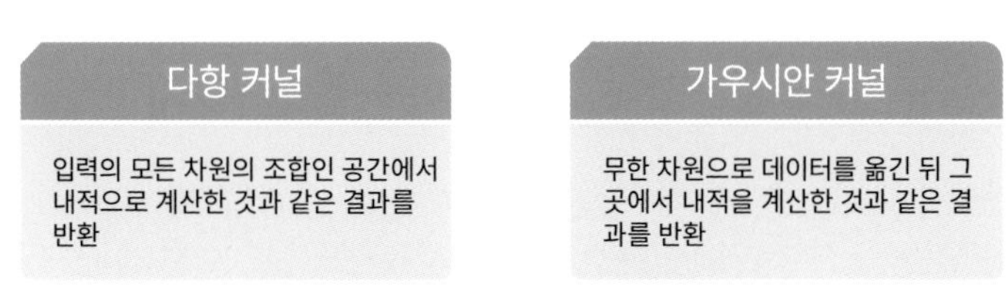

[그림 2-16] 다항 커널과 가우시안 커널

2.1.5 의사 결정 트리

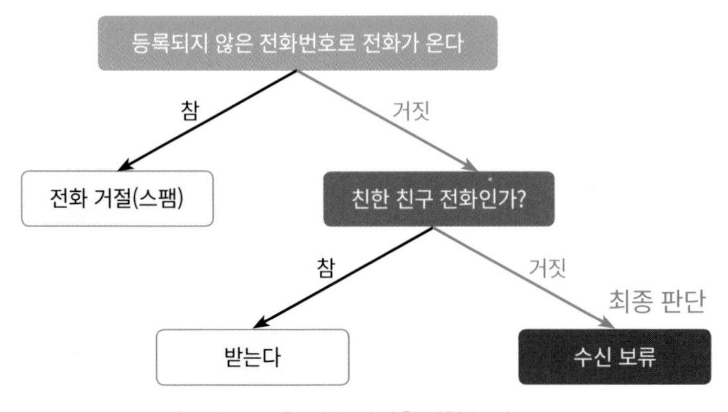

[그림 2-17] 의사 결정을 위한 트리 구조

만약 등록되지 않은 전화번호로 전화가 온다면 여러분은 어떠한 동작을 취하게 될까 생각해 보면 다음과 같습니다.

전화를 받거나 받지 않는 방법으로 선택을 하게 될 것입니다. 그리고 전화를 받았다면 누구인지 보고 계속 통화할지 아닐지를 생각하게 될 것입니다. 이와 같이 어떠한 상황에서 의사 결정을 위해서 각 단계별 참, 거짓의 두 가지 대답으로 설정한 후, 그것을 전체 나무 형태로 구성하는 것이 의사 결정 트리 방법입니다.

의사 결정 트리는 데이터 마이닝 분석의 대표적인 분석 방법으로 인공지능, 기계학습, 통계분석에서도 역시 결정 트리 알고리즘이 많이 활용되고 있습니다. 의사 결정 트리는 간단하게 결정 트리(Decision Tree)라고 불리거나 결정 나무라고 불리기도 합니다.

의사 결정 트리는 주어진 데이터를 분류하는 목적으로 사용되나 예측하는 데는 사용할 수 없습니다.

즉 목표 변수가 범주형인 경우 사용되며 목표 변수가 수치형인 경우에는 결정 트리 알고리즘에 적용할 수 없습니다. 목표 변수가 수치형인 데이터에 적용하고자 한다면 목표 변수를 수치형 변수에서 범주형 변수로 이산화한 후 적용하면 됩니다.

의사 결정 트리는 범주형과 연속형으로 구분하여 사용할 수 있는데, 범주형은 분류 나무를 활용하여 구성할 수 있으며, 연속형은 회귀 나무를 사용하여 의사 결정 트리를 구성하게 됩니다.

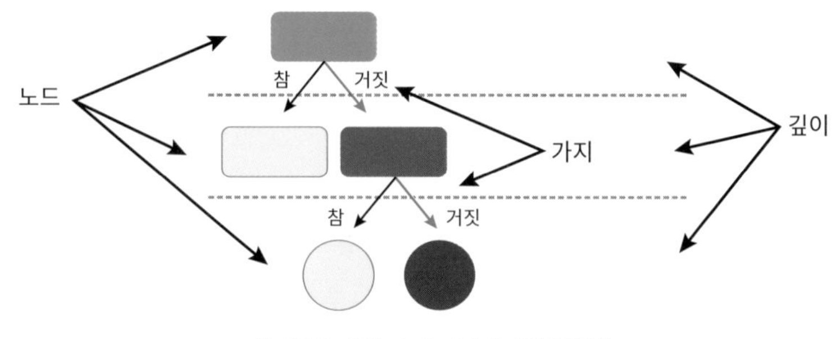

[그림 2-18] 노드, 가지, 깊이의 예

의사 결정 트리는 노드, 가지, 깊이로 표현할 수 있습니다.

노드는 각 단계의 질문이 되는 부분이며, 가지는 참, 거짓으로 뻗어나가는 형태를 의미합니다. 또한, 이러한 의사 결정의 단계에 따라 전체적인 깊이를 알 수 있게 됩니다.

의사 결정 트리는 다양한 마디로 구성되어 각 마디가 조합되어 하나의 트리로 구성되게 되는데 어떠한 마디가 있는지 하나씩 알아보도록 하겠습니다.

- 뿌리 마디: 시작되는 마디로 전체 자료를 포함
- 자식 마디: 하나의 마디로부터 분리되어 나간 2개 이상의 마디들
- 부모 마디: 주어진 마디의 상위 마디
- 끝마디: 자식 마디가 없는 마디
- 중간 마디: 부모 마디와 자식 마디가 모두 있는 마디
- 가지: 뿌리 마디로부터 끝마디까지 연결된 마디들
- 깊이: 뿌리 마디부터 끝마디까지의 중간 마디들의 수

의사 결정 트리는 이해하기 쉬운 규칙으로 되어 있어 If ~ Then 형식으로 구성이 되므로 매우 간단하게 규칙을 만들 수 있는 장점이 있습니다. 따라서 분류 예측에 유용하며 연속형과 범주형을 모두 가능하게 하는 트리 형태로 인하여 모두 취급을 할 수 있습니다. 그리고 어느 변수가 상대적으로 더 중요한지를 보여 주며 비교적 빠른 속도로 의사 결정이 가능한 장점이 있습니다.

이에 비해 연속형 변숫값을 예측할 때에는 적당하지 않은 단점이 있는데, 그 이유는 회귀 모형에서 예측력이 떨어지게 됩니다. 그리고 복잡한 트리 모형으로 인해 예측력이 저하되며 해석이 어렵고, 상황에 따라 계산량이 많아지게 됩니다.

또한, 데이터의 약간의 변형이 일어나는 경우에는 결과가 나빠질 수 있어, 안정성이 떨어지게 되는 단점이 있습니다.

지금부터 의사 결정 트리에서 의사 결정이 진행되는 절차를 하나씩 살펴보도록 하겠습니다.

의사 결정을 진행하기 위해서는 우선 의사 결정 트리 모형을 구축해야 합니다. 다음은 의사 결정 트리 모형을 구축하는 단계입니다.

- 의사 결정 트리 생성: 분석의 목적과 자료 구조에 따른 적절한 분리 기준 설정
  정지 규칙을 지정하여 의사 결정 트리를 생성
- 가지치기: 분류가 잘못될 가능성이 높은 가지 제거
  부적절한 규칙을 가지고 있는 가지 제거
- 평가: 이익 도표(Gain Chart), 위험 도표(Risk Chart), 검증용 데이터 활용
  교차 타당성 등을 이용하여 의사 결정 트리 평가
- 해석 및 예측: 의사 결정 트리 해석
  해석에 따라 최종 예측 모형 결정

위 단계를 통해 의사 결정 트리 모형이 구축되면, 의사 결정 트리를 분리해야 합니다. 이러한 분리 방법은 훈련용 데이터를 이용하여 독립변수의 차원 공간을 반복적으로 분할하는 반복적 분할 방법과 평가용 데이터를 이용하여 가지치기를 수행하는 것이 활용됩니다.

분할 기준은 부모 마디보다 자식 마디의 순수도가 증가하도록 분류를 형성하는 것인데, 순수도란 특정 범주의 개체들이 포함되어 있는 정도를 이야기합니다. 의사 결정 트리를 분리하는 과정에서는 순수한 데이터의 비율이 높을수록 완벽한 트리가 구성되게 됩니다.

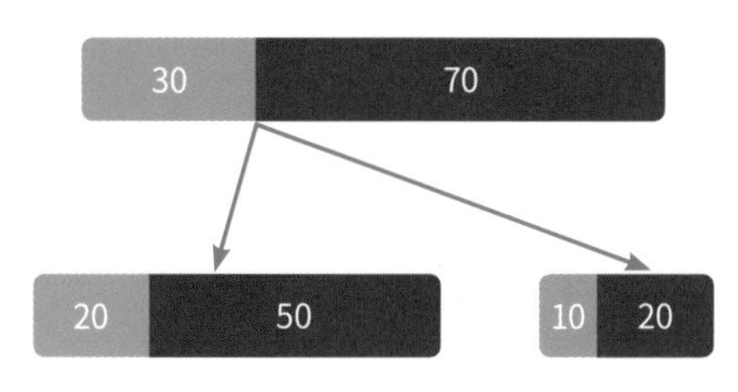

[그림 2-19] 불완전한 분할

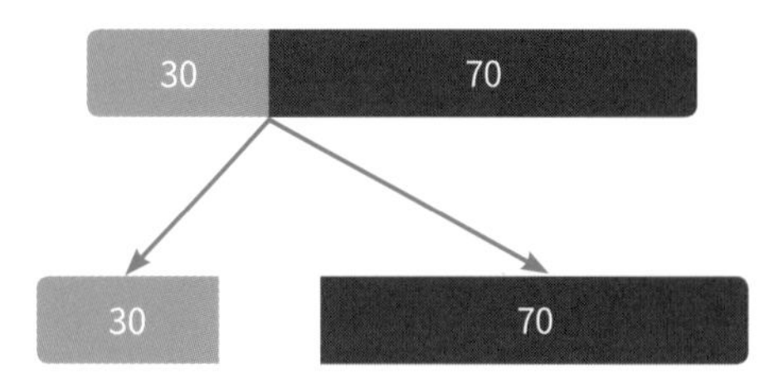

[그림 2-20] 완전한 분할

위 그림을 비교해 보면, 불안전한 분할일 경우에는 모든 마디가 두 가지의 데이터를 모두 포함하고 있지만, 완전한 분할이 된 경우에는 최종 마디가 하나의 데이터로 모두 구성이 되어 있으므로 이를 순수한 데이터라고 하며 완전한 분할이 되었다고 합니다.

분리 과정을 반복적으로 수행하게 되는데, 모든 공간을 직사각형으로 나누어서 각 직사각형이 가능한 순수하게 동질적이 되도록 하는 것이 과정의 핵심이 됩니다.

최종 직사각형에 포함된 변수가 모두 동일한 집단에 속하게 되면 완벽하게 분리 과정이 끝났다고 할 수 있습니다.

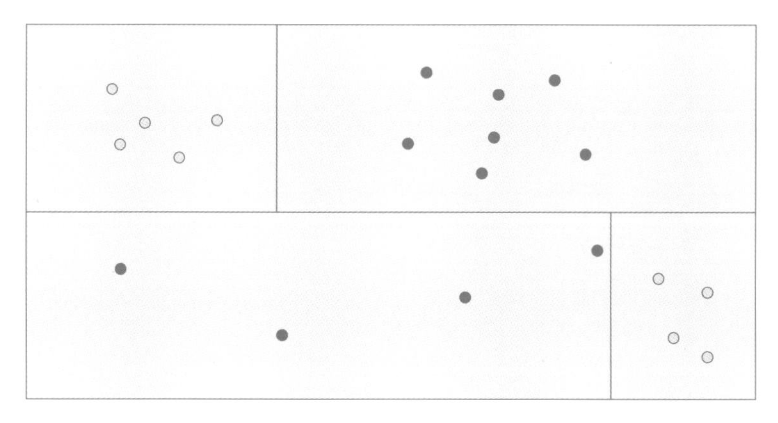

[그림 2-21] 순수한 데이터 분류

위의 반복적 분리 순서를 살펴보면 다음과 같습니다.

변수 중 하나인 xi 가 선택되고 xi 의 값, 즉 si(분할 기준)가 p 차원의 공간을 두 개의 부분으로 나누도록 선정

- xi ➧ $\{xi \leq si\} \cup \{xi > si\}$

⌄

다시 변수를 설정해서 같은 방식으로 나눔

⌄

원하는 순수도에 도달할 때까지 반복 수행

데이터를 분리하기 위해서는 분리를 위한 기준이 필요한데 이산형 목표 변수와 연속형 목표 변수를 통해 분리 기준을 설정하게 됩니다.

- 이산형 목표 변수

카이제곱 통계량 p값	p값이 가장 작은 예측 변수와 그때의 최적분리에 의해서 자식 마디를 형성
지니 지수	지니 지수를 감소시켜 주는 예측 변수와 그때의 최적분리에 의해서 자식 마디를 선택
엔트로피 지수	엔트로피 지수가 가장 작은 예측 변수와 그때의 최적분리에 의해 자식 마디를 형성

- 연속형 목표 변수

분산 분석에서 F 통계량	p값이 가장 작은 예측 변수와 그때의 최적분리에 의해서 자식 마디를 형성
분산의 감소량	분산의 감소량을 최대화하는 기준의 최적분리에 의해서 자식 마디를 형성

분리 기준을 통해 분리를 수행하게 되면 불순도 측정을 통해 데이터를 정제하여 주게 됩니다. 불순도 측정 방법은 다음과 같습니다.

먼저 지니 지수를 측정한다. 지니 지수를 감소시켜 주는 예측변수와 그때의 최적분리에 의해서 자식 마디를 선택하게 됩니다. 데이터 세트 T가 k의 범주로 분할되고 범주 비율이 $p_1, \dots, p_k$ 라고 한다면, 지니 지수는 다음과 같은 식으로 계산됩니다.

$$Gini(T) = 1 - \sum_{i=1}^{k} p_i^2$$

엔트로피 지수는 무질서도에 대한 측정으로, 질서가 없는 정도가 어느 정도인지를 측정하는 것으로 마구잡이도 또는 혼란도라고 불립니다.

엔트로피 지수가 가장 작은 예측변수와 이때의 최적분리에 의해 자식 마디를 형성하게 되는데, 데이터세트 T가 k개의 범주로 분할되고 범주 비율이 $p_1, ..., p_k$이면 엔트로피 지수는 다음과 같이 계산됩니다.

$$Entropy(T) = -\sum_{i=1}^{k} p_i log_2(p_i)$$

엔트로피 지수를 실제 수행하는 예를 들어보면, 2개의 범주가 (0.5, 0.5) 비율로 구성되어 있는 경우 계산은 다음과 같게 됩니다.

$$Entropy(S_0) = -(0.5log_2 0.5) * 2$$

다른 예로는 5개의 범주가 (0.2, 0.2, 0.2, 0.2, 0.2)의 비율로 구성되어 있다면 엔트로피 지수는 다음과 같이 계산됩니다.

$$Entropy(S_1) = -(0.2log_2 0.2) * 5$$

이러한 분리 작업이 반복적으로 일어날 때, 무한정으로 반복을 할 수는 없기 때문에 정지를 위한 조건이 필요하게 됩니다.

다음은 정지 기준입니다.

- 더 이상 분리가 일어나지 않음
- 현재의 마디가 끝마디가 되도록 함
- 의사 결정 나무의 깊이를 지정
- 끝마디의 레코드 수의 최소 개수 지정

이와 같이 적절한 정지 기준을 활용하여 반복을 종료하고 최종적으로 의사 결정 트리를 구성하게 됩니다.

마지막으로, 가지치기를 위해서는 그 기준이 필요한데 그에 맞는 가지치기 기준은 다음과 같습니다.

테스트 데이터 활용 방법

- 구축된 모형에 테스트 데이터 적용
- 테스트 데이터를 통해 도출된 모형의 예측률 검토
- 분류가 잘못될 위험이 높거나 부적절한 추론 규칙을 가지고 있는 가진 제거

전문가에 의한 방법

- 특정 분야의 전문가가 구축된 모형에서 제시되고 있는 규칙들의 타당성 검토
- 타당성이 없는 규칙 제거

결정 트리 알고리즘들은 기본적인 생성 방식은 유사하며 가지를 분리하는 방식(분리에 사용될 변수 및 기준을 선택하는 방식)에서의 약간의 차이를 갖게 됩니다.

2.1.6 나이브 베이즈 분류

광고성 메일인 스팸 메일이 새롭게 왔을 때, 이것이 스팸인지 아닌지를 구분하려면 어떻게 해야 할까요?

만약 메일 내용에 '광고'라는 단어가 들어 있는 경우 스팸 메일일 확률이 높다면 스팸 메일로 분류해야 할지 아닐지를 판단해야 합니다.

그림에서와 같이 이메일 내용에서 '광고'라는 글자가 있는 경우에 스팸 메일인 경우가 많긴 하지만, 그렇지 않은 경우도 있습니다. 이러한 기존의 데이터에 대한 분석을 기반으로 다른 새로운 메일이 왔을 때, 이것을 스팸인지 아닌지로 분류하기 위해서는 기존 메일 정보의 분석 내용을 보고 판단하게 됩니다.

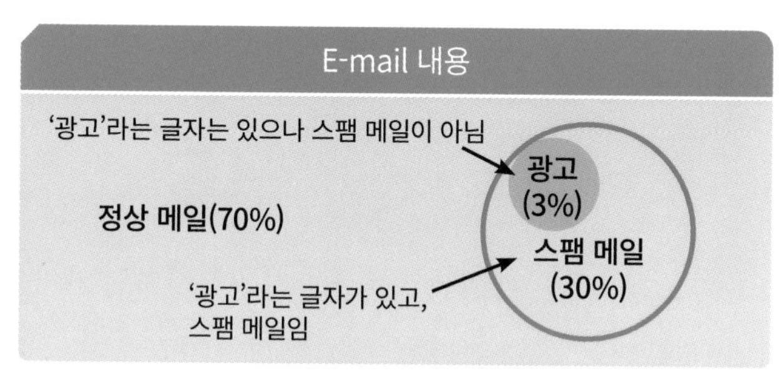

[그림 2-22] 이메일에서 스팸메일과 정상 메일의 구성

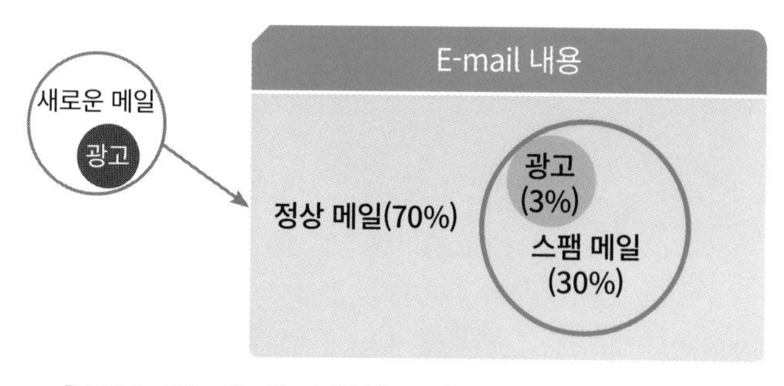

[그림 2-23] 새로운 이메일을 스팸 메일과 정상 메일 중 판단

그림의 내용과 같이 새로운 메일에 '광고'라는 단어가 있고, 기존 메일에서 '광고'라는 단어가 있을 때 스팸 메일인 확률이 높았다면, 새로운 메일도 스팸 메일이라 판단하는 방법이 나이브 베이즈 방법입니다.

나이브 베이즈 분류 방법을 알아보면 매개변수 x,y가 있을 때,

- 그룹 A에 속할 확률: $P_1(x,y)$
- 그룹 B에 속할 확률: $P_2(x,y)$

로 하고, 만약 다음과 같이 확률에 따라 어느 그룹으로 포함될지 결정하게 됩니다.

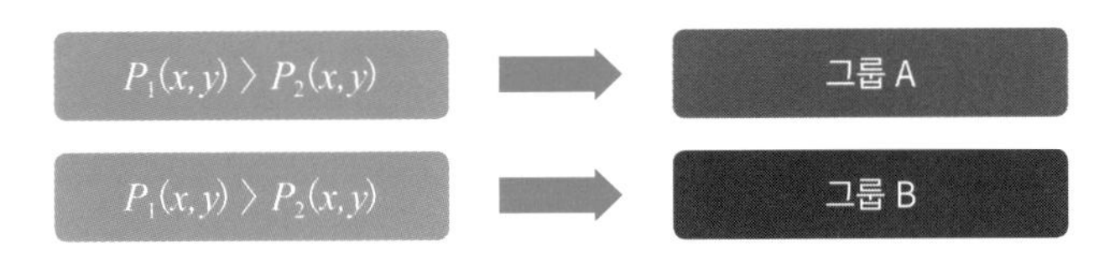

[그림 2-24] 나이브 베이즈 분류 방법

이와 같이 나이브 베이즈 분류 방법은, 베이즈 정리에 의해 분류하려는 대상의 각 확률을 측정하고 확률이 큰 부분으로 분류하는 알고리즘입니다.

여기서 나이브라는 단어는 사전적으로 '소박하게, 전문적이지 않게'라는 의미로 데이터에 대해 나이브하게 판단하여 확률이 큰 부분으로 분류를 한다는 의미를 가지고 있습니다.

나이브 베이즈 방법은 지도 학습 환경에서 효율적으로 사용할 수 있는 알고리즘의 하나로, 분류를 위한 학습 데이터의 양이 매우 적은 특징을 가지

고 있습니다. 따라서 머신러닝을 수행하기 위한 학습 데이터가 많지 않아도 바로 적용이 가능한 특징이 있습니다.

또한, 간단한 구조와 가정이 단순하여 구현이 쉽고, 복잡한 실제 환경에서도 간단한 구조로 인하여 실제 상황에서 동작이 잘되는 특징을 가지고 있는 방법입니다.

나이브 베이즈 방법을 활용하여 분류를 수행하는 절차를 자세히 살펴보면 다음과 같습니다.

우선 조건부 확률을 통해 분류를 위한 기본 준비가 되어야 합니다.

- $P(A|B)$ = B가 발생했을 때, A일 확률
- 새로운 메일이 스팸 메일일 확률을 구하는 식

$$P(A|B) = \frac{P(B|A)P(A)}{P(B)} = \frac{P(A \cap B)}{P(B)}$$

나이브베이즈에서는 다음과 같은 확률들을 활용하여 실제 확률을 계산하고 분류에 활용하게 됩니다.

- 사후 확률: B가 발생했을 때, A일 확률
- 사전 확률: A일 확률
- 우도: B가 이전 A에서 사용되었을 확률
- 주변 우도: 모든 곳에서 B가 나타날 확률

스팸 메일을 분류하는 것을 조건부 확률로 계산한다면 다음과 같이 표현할 수 있습니다.

우선 A를 스팸 메일이라고 하고, B를 광고 라는 단어라고 한다면,

- 사후 확률: '광고'가 스팸 메일일 확률
- 사전 확률: 이전 메일이 스팸 메일일 확률
- 우도: '광고'가 이전 스팸 메일에서 사용되었을 확률
- 주변 우도: 모든 곳에서 '광고'가 나타날 확률

이렇게 조건부 확률을 정의하고 다음과 같은 수식을 통해 확률을 계산하게 됩니다.

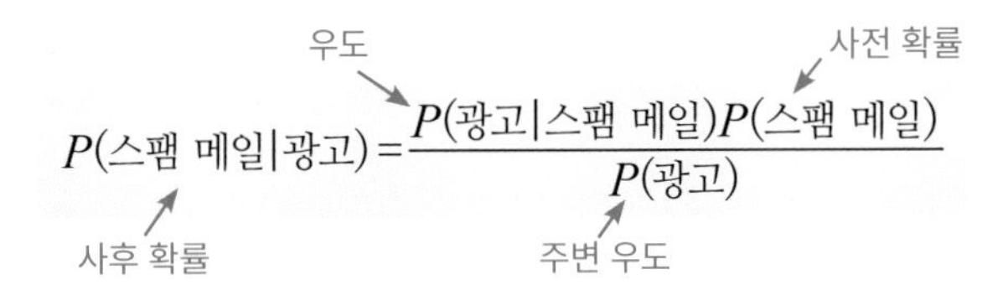

나이브 베이즈 분류에서 확률을 통해서 계산할 때 문제가 발생할 수 있는 부분이 있습니다. 만약 기존에 없는 새로운 단어가 들어온다면 어떻게 될 것인지 알아보아야 합니다.

새로운 단어일 경우는 기존에 확률이 0이기 때문에 모든 확률 계산은 0이 되어 버리게 되는데, 이러한 문제를 해결하기 위해 다음과 같은 방법을 통해 보정 절차를 거치게 됩니다.

이것을 Laplace Smoothing이라 합니다.

- 각 분자에 +1을 함
- 분모에는 모든 데이터의 수(중복은 제거)를 더해 줌

여기에서 모든 데이터의 수라는 것은 '광고'라는 단어 외에 메일에 포함된 모든 단어의 수라고 생각하면 됩니다.

또한, 스팸 메일을 분류하기 위한 단어가 매우 많은데, '광고'라는 단어는 몇 번 나오지 않았다면 P(광고|스팸 메일)이 너무 작아지게 되므로 0에 가까운 값이 될 수 있습니다. 이렇게 언더플로우가 되면 실제값이 전혀 의미가 없어질 수 있습니다.

이를 방지하기 위하여 언더플로우 방지 방법을 다음과 같이 해결합니다.

- 확률에 Log를 취하여 언더플로우를 방지

$$Log(P(A|B)) = Log(P(B|A)P(B))$$

스팸 메일을 판단하는 것을 나이브 베이즈 분류 방법으로 수행하는 것을 단계별로 수행해 보면 다음과 같습니다. 우선 다음과 같은 단계로 분류를 수행하게 됩니다.

- 데이터 준비
- 판단한 내용 정리
- 각 항목의 확률 계산

- Laplace Smoothing
- 언더플로우 방지

가장 먼저 기존의 이메일의 분류 내용과 포함되어 있던 단어를 정리하여 판단을 위한 데이터를 준비하게 됩니다.

[표 2-4] 메일 내용 구성의 예

메일	단어	분류
메일 1	친구, 점수, 학교, 학교	정상
메일 2	긴급, 광고, 도착	스팸
메일 3	점수, 할인, 긴급, 친구, 친구	정상
메일 4	광고, 도착, 도착,친구	스팸
메일 5	할인, 긴급, 도착, 학교	스팸

기존의 메일 내용을 표와 같이 포함된 단어들과 어떻게 분류가 되어 있었는지를 정리하여 확률 계산을 위한 기초 자료로 준비합니다.

준비가 되면 데이터를 활용하여 어떠한 판단을 할 것인지를 지정해야 하는데, 판단은 스팸 메일 또는 정상 메일로 판단하는 단순한 분류이며 새로운 메일에는 어떤 단어가 포함되어 있는지를 확인합니다.

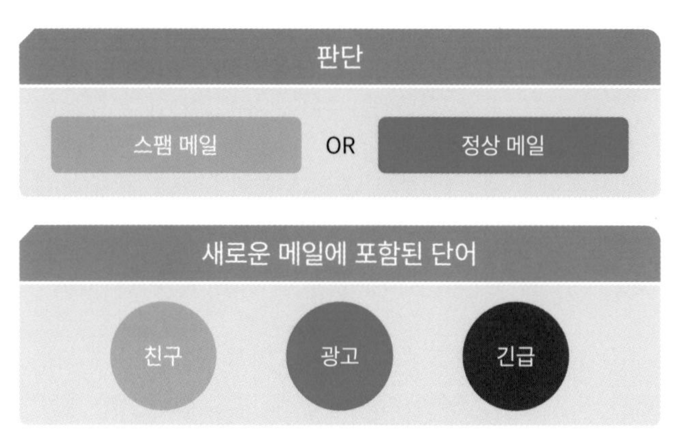

[그림 2-25] 스팸 메일 또는 정상 메일 판단

데이터가 준비되고 판단 대상이 정의되면, 각 항목에 대해서 확률을 계산합니다. 우선 '친구', '광고', '긴급'이라는 단어를 *P(words)*로 가정하여 진행 합니다.

만약 해당 단어가 스팸 메일일 확률은 *P*(스팸)으로 정의하고 다음과 같이 식을 정의합니다.

$$P(\text{스팸}|words) = \frac{P(words|\text{스팸})P(\text{스팸})}{P(words)}$$

다음으로 해당 단어가 정상 메일일 확률을 계산하기 위해 *P*(정상)로 정의하고 다음과 같이 식을 정의합니다.

$$P(\text{정상}|words) = \frac{P(words|\text{정상})P(\text{정상})}{P(words)}$$

그 후에 각 단어의 빈도수를 계산하여 확률 계산을 위한 수치를 얻어 내게 됩니다.

- Count(긴급, 정상) = 1 ⇒ 정상 메일 중, 긴급이라는 단어가 포함 된 수
- Count(광고, 정상) = 0
- Count(친구, 정상) = 3
- Count(광고, 스팸) = 2
- Count(긴급, 스팸) = 2
- Count(친구, 스팸) = 1

P(words) 값은 *words*를 개별 단어로 확률을 계산합니다.

$$P(words|\text{정상}) = P(\text{긴급}|\text{정상}) * P(\text{친구}|\text{정상}) * P(\text{광고}|\text{정상})$$

정상 메일에서 전체 발생 단어의 수인 전체 모 수는 9가 될 것이고, 정상 메일에서 해당 단어의 발생 수는 '긴급'이 1, '광고'가 0, '친구'가 3이 되게 됩니다.

이를 통해 다음과 같이 식이 계산됩니다.

$$P(\text{긴급}|\text{정상}) = \frac{1}{9} \quad P(\text{광고}|\text{정상}) = \frac{0}{9} \quad P(\text{친구}|\text{정상}) = \frac{3}{9}$$

이를 통해 전체 메일에서 정상 메일과 스팸 메일의 확률을 계산하면 다음과 같은 결과가 나타납니다.

$$P(\text{정상}) = \frac{\text{정상 메일}(2)}{\text{전체 메일}(5)} = \frac{2}{5} \quad P(\text{스팸}) = \frac{\text{정상 메일}(3)}{\text{전체 메일}(5)} = \frac{3}{5}$$

최종적인 확률을 계산하면 다음과 같은 결론이 도출되게 됩니다.

- 전체 메일에서 단어가 정상 메일일 확률

$$P(\text{정상}|words) = \{(1/9)*(0/9)*(3/9)\}*2/5 = 0$$

- 전체 메일에서 단어가 스팸 메일일 확률

$$P(\text{스팸}|words) = \{(2/11)*(2/11)*(1/11)\}*3/5 = 0.0018$$

여기까지 확률을 잘 계산하였다면 나이브 베이즈 분류에 의해 확률값을 통한 분류가 정상적으로 수행이 가능합니다. 그러나 만약 '특가'와 같은 전혀 새로운 기존에 없던 단어가 추가된다면 위의 수행 과정만으로는 모든 결과가 0으로 나타나게 됩니다. 그 이유는 '특가'라는 단어의 확률이 0이기 때문에 0으로 값이 되어 버리기 때문입니다.

$$P(\text{정상}|words)$$
$$= \{(1/9)*(0/9)*(3/9)*(0/9\text{: 특가 단어가 나온 확률})\}*2/5 = 0$$

$$P(\text{스팸}|words)$$
$$= \{(2/11)*(2/11)*(1/11)*(0/9:\text{특가 단어가 나온 확률})\}*3/5 = 0$$

여기서 Laplace Smoothing 기법을 활용하여 값을 보정해야 하는데, 이를 위해 분자의 각 값에 +1을 해 주고, 분모에는 학습 데이터에서 나오는 전체 데이터의 수인 7을 더해 주게 됩니다. 이를 통해 최종 결과가 0이 아닌 값이 나오게 되어 정상적인 판단이 가능하게 되고, 그 결과 $P(\text{스팸}|words)$가 크므로 스팸 메일로 판단하게 되는 것 입니다.

$$P(\text{정상}|words) = \{(1+1/9+7)*(0+1/9+7)*(3+1/9+7)*(0+1/9+7:\text{특가 단어가 나온 확률})\}*2/5 = 0.00078$$

$$P(\text{스팸}|words) = \{(2+1/11+7)*(2+1/11+7)*(1+1/11+7)*(0+1/9+7:\text{특가 단어가 나온 확률})\}*3/5 = 0.0018$$

위의 계산 결과를 보면, 모두 0 이하로 매우 작은 숫자로 되어 있습니다. 이는 조금만 더 작아지면 값이 0에 수렴할 수 있는 위험이 있습니다. 따라서 값을 보정하기 위해 언더플로우 방지 방법인 *Log*를 모든 계산에 넣어 주게 하여 값을 보정해 주면 0으로 수렴하는 것을 방지할 수 있습니다. 이러한 단계를 모두 거치면 정상적으로 나이브 베이즈 분류에 의한 분류 판단을 할 수 있습니다.

$$Log(P(\text{정상}|words)) = Log(P(words|\text{정상})*P(\text{정상}))$$

$$Log(P(\text{스팸}|words)) = Log(P(words|\text{스팸})*P(\text{스팸}))$$

2.1.7 은닉 마르코프 모델

내일 날씨를 예측하고 싶다면, 지난 날씨들을 참고로 하여 어느 정도 예측을 하게 됩니다. 다음과 같이 지난 3일간의 날씨가 있다면 이를 활용하여 내일의 날씨를 과거 기록을 살펴보고 예측할 수 있습니다.

3일 전	2일 전	어제
흐림	맑음	비

과거에 3일간 같은 형태의 날씨였던 경우, 4일째에 어떠한 날씨를 보여주었는지 확인해 보고 만약 흐림, 맑음, 비 다음에 맑은 날씨였던 경우가 높다면 내일도 날씨가 맑다고 예측을 할 수 있습니다. 이와 같이 과거의 기록을 통해 같은 패턴일 경우의 확률로 예측하는 방법이 은닉 마르코프 모델이라고 합니다.

은닉 마르코프 모델(Hidden Markov Model, HMM)은 통계적 마르코프 모델의 하나로, 시스템이 은닉된 상태와 관찰 가능한 결과의 두 가지 요소로 이루어졌다고 보는 모델입니다. 관찰 가능한 결과를 야기하는 직접적인 원인은 관측될 수 없는 은닉 상태들이고, 오직 그 상태들이 마르코프 과정을 통해 도출된 결과들만이 관찰될 수 있기 때문에 은닉이라는 단어가 붙게 되었습니다. 은닉 마르코프 모델은 동적 베이지안 네트워크로 간단히 나타낼 수 있으며, 은닉 마르코프 모델의 해를 찾기 위해 전향-후향 알고리즘을 제안한 스트라토노빅의 최적 비선형 필터링 문제와 밀접한 관련이 있습니다.

한편 은닉 마르코프 모델에 사용된 수학적 개념들은 바움(L. E. Baum)과 그의 동료들에 의해 정립되었습니다.

마르코프 연쇄와 같은 단순한 마르코프 모델에서는 상태를 관찰자가 직접적으로 볼 수 있으며, 그러므로 상태가 전이될 확률은 단순히 모수(parameter)들로 표현될 수 있습니다. 반면 은닉 마르코프 모델에서는 상태를 직접적으로 볼 수 없고, 상태들로부터 야기된 결과들만을 관찰할 수 있습니다. 각각의 상태는 특정 확률 분포에 따라 여러 가지 결과를 도출해 낼 수 있으므로, 은닉 마르코프 모델로부터 생성된 결과들의 나열은 기저에 은닉된 상태들에 대한 정보들을 제공하고 있다고 생각할 수 있습니다. 여기서 단어 은닉(Hidden)이 모델의 모수를 가리키는 것이 아니라 모델이 거쳐 가는 연속된 상태를 지칭하는 것에 주의해야 합니다. 은닉 마르코프 모델에서 모수들이 정확히 알려졌음에도 불구하고 여전히 '은닉' 마르코프 모델로 불리는 이유는 결과를 야기하는 상태들이 근본적으로 은닉되어 있어 관찰할 수 없기 때문입니다.

은닉 마르코프 모델은 시간의 흐름에 따라 변화하는 시스템의 패턴을 인식하는 작업에 유용합니다. 예를 들어 음성 인식, 필기 인식, 동작 인식, 생물정보학 분야에서 이용될 수 있습니다.

은닉 마르코프 모델은 은닉 변수가 독립되지 않고 마르코프 과정을 통해 변화하면서 각 과정에서 혼합 요소를 선택하는 혼합 모델의 일반화로 볼 수 있습니다. 최근 이러한 은닉 마르코프 모델은 더 복잡한 자료 구조들과 안정적이지 않은 데이터들을 모델링할 수 있도록 이중 마르코프 모델, 삼중 마르코프 모델 등으로 일반화되고 있습니다.

은닉 마르코프 모델의 동작을 알아보기 전에, 우선 마르코프 모델에 대해서 알아보면 다음과 같습니다.

마르코프 모델은 어떠한 시점에서 N의 가능한 상태 $S=\{S_1, S_2, S_3, \dots S_n\}$을 확인하고 일정한 시간 간격으로 어떠한 상태로 발전할 것인지를 보는 것입니다. 이를 통해 상태 간의 발전이 확률적으로 표현하게 됩니다.

마르코프 가정은 시간 t에서 상태는 오직 가장 최근 r개 데이터에만 의존한다는 것으로 가정하고 수행을 하게 됩니다.

마르코프 모델은 최근의 데이터 r의 개수에 따라 차수를 나누어 n차 마르코프 체인으로 구성합니다.

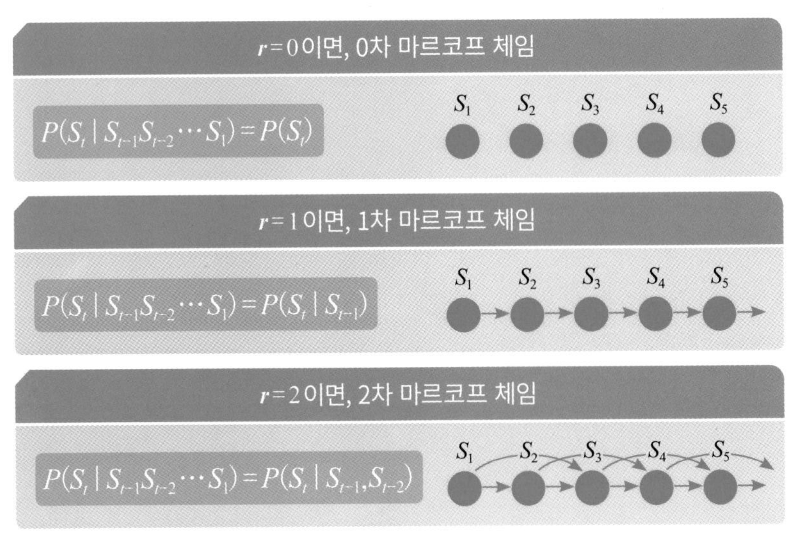

[그림 2-26] 마르코프 체인의 차 수

- 0차 마르코프 체인: 최근 단계의 데이터를 하나도 보지 않는다는 것
- 1차 마르코프 체인: 바로 직전의 데이터만 보는 것
- 2차 마르코프 체인: 2단계까지 확인하여 예측을 하는 것

이와 같이 r에 따라 마르코프 체인은 다양한 차수로 구성되어 예측을 하게 됩니다.

마르코프 모델은 상태가 옮겨지는 상황에 따라 두 가지 모델로 구분되게 되는데, 에르고딕(Ergodic)과 좌우(Left-to-Right)모델로 구분되어 집니다.

에르고딕 모델은 어떤 상태로 돌아간 후에도 다시 뒤로 돌아갈 수 있는 모델로, 날씨를 예측하는 것을 예로 든다면, 어제가 맑고, 향후에도 맑을 수 있기 때문에 다시 '맑음'이라는 상태로 돌아갈 수 있으므로 에르고딕 모델을 사용하게 됩니다.

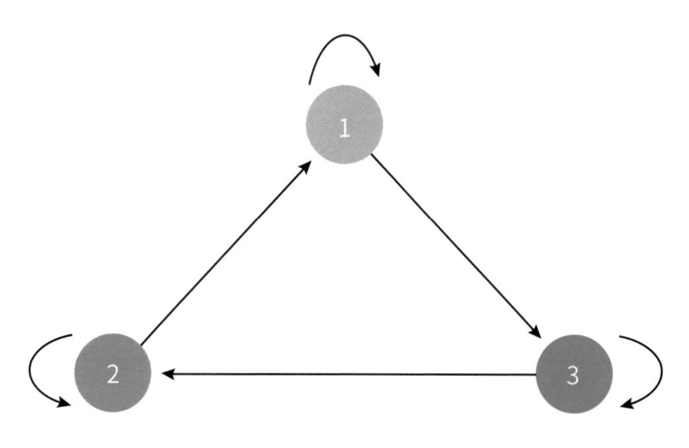

[그림 2-27] 에르고딕 모델

그와 반대로 좌우 모델은 어떤 상태로 들어가면 뒤로 돌아갈 수 없는 모델로서 날씨에서는 사용이 불가능한데, 그 이유는 날씨가 맑고 흐리다가도 다시 맑음으로 돌아갈 수도 있어야 하지만 좌우 모델은 불가능하기 때문입니다.

하지만 음성 인식이나 필기 인식 등과 같이, 어떤 패턴이 지나간 후에 다시 그 패턴이 다시 나타나지 않을 때와 같은 경우에는 좌우 모델을 사용하게 됩니다.

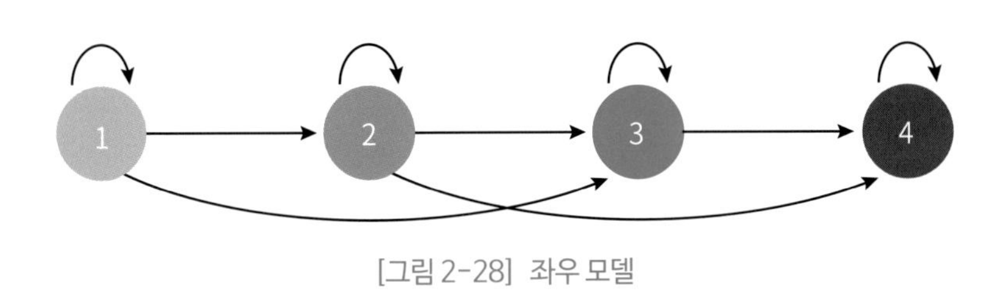

[그림 2-28] 좌우 모델

은닉 마르코프 모델은 위에서 설명한 바와 같이 마르코프 모델에서 숨겨진 부분을 추정하는 것이므로 다음과 같이 표현할 수 있습니다.

마르코프 모델의 날씨 관측 방법을 사용하는 데 있어 현재 날씨를 볼 수 없다면, 현재 날씨가 은닉된 것이라 생각할 수 있습니다. 이때 은닉 마르코프 모델을 사용해서 날씨를 관측해야 합니다.

다음과 같이 현재 날씨를 관측할 수 없기 때문에 다른 가정을 활용하여 은닉 마르코프 모델을 사용하게 됩니다.

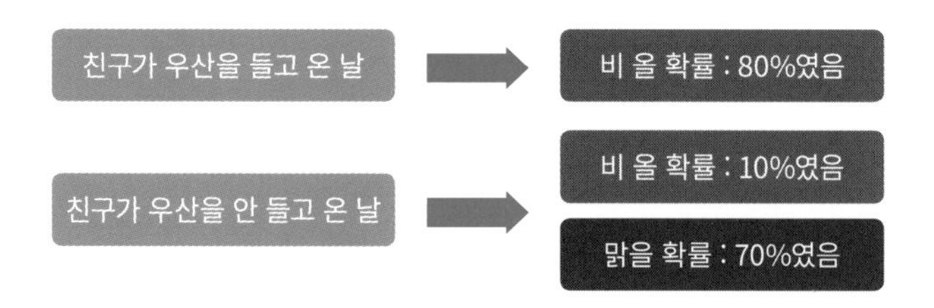

날씨를 관측하는 방법으로, 친구가 우산을 들고 왔는가 아닌가에 따라 날씨가 어떠했는지 과거의 경험을 바탕으로 비가 올 확률이 높은지 맑을 확률이 높은지를 관측할 수 있는 것입니다. 이와 같이 은닉 마르코프 모델은 은닉된 상태를 다른 기준을 활용하여 확률을 구하고 예측을 하는 방법입니다.

은닉 마르코프 모델을 사용하기 위해서는 다양한 파라미터들이 있으며 그것은 다음과 같습니다.

- N : 모델의 상태 수
- M : 상태에서 관측 가능한 심볼의 수
- A : 상태 전이 확률 분포
- B : 관측 심볼 확률 분포
- Π : 초기 상태 확률 분포

세 개의 바구니가 뒤에 숨겨져 있고, 세 가지 색의 공이 각 바구니에 들어 있는 경우 다음과 같이 수행을 하게 된다는 가정하에 세 개의 바구니에는 어떻게 공이 들어가 있을지를 예측하는 파라미터를 찾아보면 다음과 같습니다.

- 어떤 확률에 의해 다음과 같은 수행을 함
- 바구니의 공을 꺼내서 밖에서 보여줌
- 보여준 공은 다시 뒤의 어느 항아리에 넣음

이를 예측하기 위해 다음과 같은 단계로 모델을 생성하여 예측을 수행하게 됩니다.

1단계	초기 상태 확률 분포 π 로 초기 상태 S_1 생성
2단계	$t=1$ 로 설정
3단계	관측 심볼 확률 분포 $b_i(i)$에 따르는 관측 O_t 생성
4단계	천이 확률에 따라 새로운 상태 S_{t+1} 생성
5단계	$t=t+1$ 로 설정하고 $t \geq T$ 때까지 단계 3 ~ 5 반복

위의 다섯 단계를 수행하면, 최종적으로 다음과 같은 모델이 생성되게 됩니다.

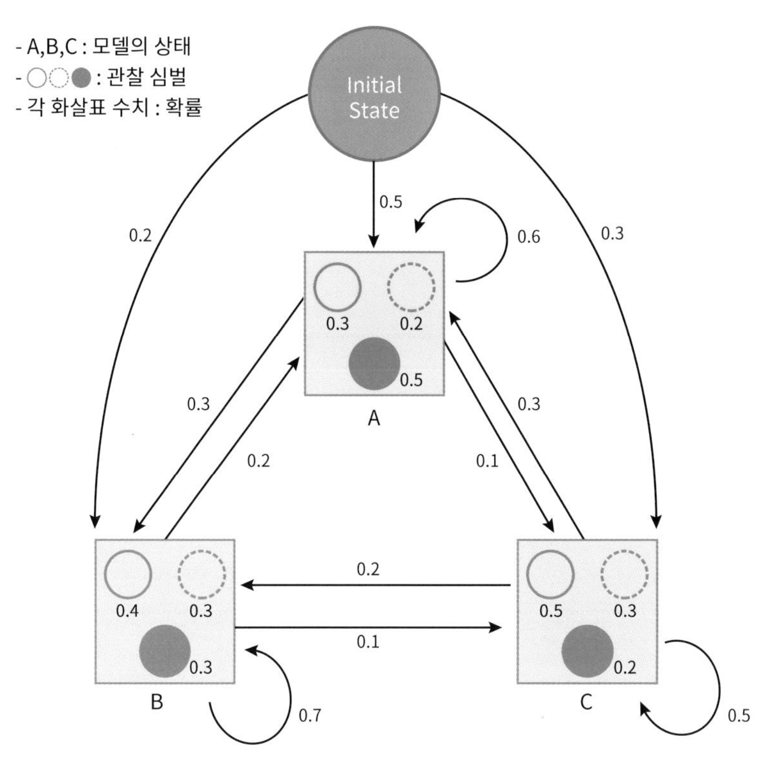

[그림 2-29] 은닉 마르코프 모델 생성의 예

은닉 마르코프 모델은 은닉된 부분을 추정하여 예측하는 방법으로 널리 활용될 수 있지만 다음과 같은 한계점이 있습니다.

우선 평가의 문제로 관측한 관측열이 나올 수 있는 확률 문제가 있습니다.

- 날씨를 관측할 때, 관측값이 하나가 아니고 여러 개가 나온다면?
- 주어진 모델에서 관측열이 출력될 확률을 효과적으로 계산할 수 있어야 함

또한, 확률값에 따라 최적의 모델을 다수의 모델로부터 인식할 수 있습니다. 이의 해결을 위해 다음과 같이 전향과 후향 알고리즘을 활용하여 해결합니다.

- 동적 프로그래밍으로 중복 계산 제거
- 전방 계산에 의해 확률 평가

다음으로는 최적 상태열 찾기가 있습니다.

가장 최적의 숨겨져 있는 상태열을 어떻게 찾을지의 문제인데, 모든 상태열을 계산하고 그중 최적을 찾는 것은 엄청난 계산이 발생하므로 비효율적이고 현실적이지 못합니다.
따라서 비터비(Viterbi) 알고리즘을 활용하여 그 문제점을 해결합니다.

- 동적 프로그래밍으로 전방 계산을 수행
- 최적 경로를 역추적

그 외에도 우도를 최대화하는 모델의 각 파라미터의 추정은 어떻게 할 것인지의 문제가 있는데, 관측열을 가장 잘 설명하는 모델의 파라미터들을 어떻게 최적화하여 구할 것인가의 문제입니다. 학습의 문제라고도 하며 이는 성능을 결정하는 중요한 사항입니다.

이 문제의 해결 방법은 바움-웰치 재추정 알고리즘을 활용하여 해결할 수 있습니다.

- 모델의 변수를 모르는 경우에 이를 추정하는 방법
- 초기에 랜덤하게 혹은 어떤 다른 방법으로 모델 변수를 설정한 상태에서, 관측 데이터가 이 모델로부터 생성되었을 확률을 계산함
  모델을 조금 수정 후, 확률 계산
  그 큰 확률을 결정하면서 계속 반복

은닉 마르코프 모델은 은닉된 정보를 추정하여 예측하기 때문에 필기 인식이나, 음성 명령 인식, 제스처 인식, 물체 트래킹 등 연속적으로 발생하는 데이터에 대한 인식을 하는데 활용이 많이 되고 있습니다. 또한, 주가 예측과 날씨 예측, 또는 교통 상황을 예측하는 등 실시간적인 데이터를 반영하여 예측을 수행하는 데에도 널리 활용될 수 있는 모델입니다.

2.1.8 Perceptron 알고리즘

Perceptron 알고리즘의 작동은 McCulloch 및 Pitts 신경 세포 모델을 기반으로 하며, 인공지능 알고리즘을 이해하려면 우선적으로 인공 신경망 중에서 가장 간단한 구조를 가지고 있는 Perceptron 알고리즘의 이해가 필요합니다. 기본적으로 인공 신경망은 사람의 뇌 구조를 인공적으로 구성한 것입니다. 뉴런은 정보를 다루는 기관으로 인지하고, 시냅스는 정보를 주고받는 역할을 담당한다고 생각하면 이해하기 쉽습니다. 즉 뉴런들은 연결된 시냅스를 통해서 다양한 뉴런들과 정보를 주고받는 구조로 인공 신경망을 구성한다고 이해할 수 있습니다. 인공 신경망은 입력 계층, 히든 계층,

출력 계층을 이루는 형태로 신호를 주고받을 수 있는 구조로 되어 있으며, 트레이닝 데이터를 입력하고 트레이닝 데이터와 가중치를 곱해서 예측값을 출력 계층에서 결정하는 형태로 가중치를 갱신합니다.

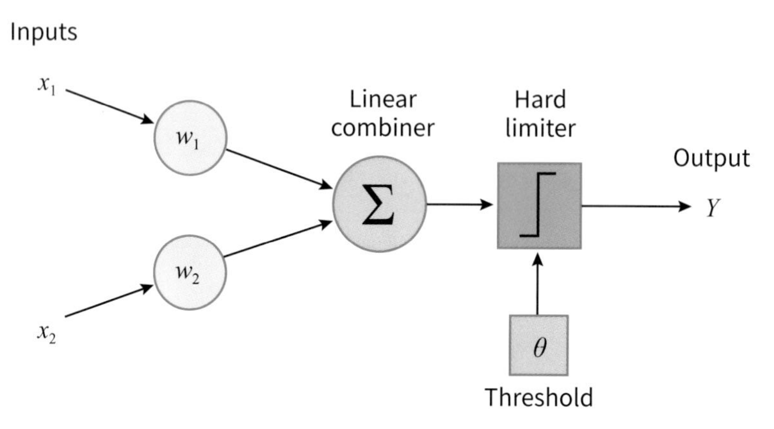

[그림 2-30] 2개 입력과 단층 Perceptron의 구조

퍼셉트론 인공 신경망의 모델은 하드 리미터와 선형 결합기로 구성됩니다. 입력의 가중치 합계는 하드 리미터에 적용되며, 입력이 양수인 경우 +1에 해당되고, 입력이 음수인 경우 -1을 생성합니다. 퍼셉트론은 다수의 트레이닝 데이터를 이용하여 지도 학습을 수행하는 알고리즘이라고 할 수 있습니다. 지도 학습은 예측값이 정해져 있으며 입력 계층의 다양한 값들과 가중치를 이용해서 예측값(출력 계층)과 다르면 가중치를 조정하면서 예측값에 가까워지도록 합니다.

기본적으로 퍼셉트론 알고리즘의 경우, n차원 공간은 초평면(hyperplane)에 의해 2개의 결정 영역으로 나뉩니다. 초평면은 선형으로 분류 가능한 함수로 정의될 수 있습니다. 퍼셉트론 알고리즘은 입력에 따라 구분할 수 있습니다. 아래 그림 (a)는 2개 입력 퍼셉트론을 나타내며, (b)는 3개 입력 퍼셉트론을 나타냅니다.

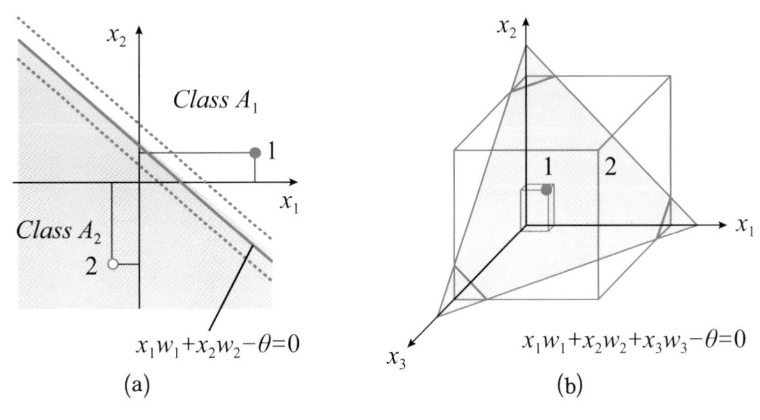

[그림 2-31] 퍼셉트론 알고리즘

퍼셉트론 알고리즘은 실제 출력과 원하는 출력 간의 차이를 줄이기 위해 가중치(weight)를 조절합니다. 초기 가중치는 [-0.5, 0.5] 범위에서 무작위로 할당되며, 일치하는 출력값을 얻기 위해 가중치를 갱신합니다. 퍼셉트론에 제공된 p번째 훈련의 예를 바탕으로 반복 p에서 실체 출력을 $Y(p)$라고 하며, 원하는 출력이 $Y_d(p)$일 경우 오류 $e(p)$는 다음과 같이 구할 수 있습니다.

$$e(p) = Y_d(p) - Y(p) \qquad \text{where } p = 1,2,3,...$$

에러 $e(p)$가 양수의 결과이면 퍼셉트론 출력 $Y(p)$를 증가시켜야 하고, 음수의 결과이면 $Y(p)$를 줄이는 형태로 학습을 진행해야 합니다. 이럴 경우 다음과 같은 학습 규칙으로 설명할 수 있습니다.

$$w_i(p+1) = w_i(p) + \alpha \times x_i(p) \times e(p)$$

α는 학습 비율(learning rate)이며, 양의 정숫값입니다.

퍼셉트론의 학습 규칙은 1960년대 Rosenblatt에 의해 처음 제안되었으며 이 규칙을 사용하여 분류 작업을 위한 퍼셉트론 학습 알고리즘을 도출할 수 있습니다. 퍼셉트론 트레이닝 알고리즘은 다음과 같은 단계로 이루어져 있습니다.

- 1단계: 초기화(Initialization)

  초기 가중치 w_1, w_2, ..., w_n과 임계치 θ를 [-0.5, 0.5] 범위의 난수로 설정합니다.

- 2단계: 활성화(Activation)

  입력 $x_1(p)$, $x_2(p)$, ..., $x_n(p)$와 원하는 출력 $Y_d(p)$를 적용하여 퍼셉트론을 활성화합니다. 반복 $p = 1$에 실제 출력을 계산합니다.

$$Y(p) = step\left[\sum_{i=1}^{n} x_i(p) w_i(p) - \theta\right]$$

n은 퍼셉트론 입력들의 수이며, 활성화 함수로는 step 함수를 적용하였습니다.

- 3단계: 가중치 트레이닝(Weight Training)

  퍼셉트론의 가중치(weight)를 업데이트합니다.

$$w_i(p+1) = w_i(p) + \Delta w_i(p)$$

$\Delta w_i(p)$는 반복 p에 가중치 보정입니다. 가중치 보정은 아래와 같은 식의 델타 보정 룰에 의해 계산됩니다.

$$\Delta w_i(p) = \alpha \times x_i(p) \times e(p)$$

- 4단계: 반복(Interation)

  반복 p를 1만큼 증가시키고, 2단계로 돌아가서 수렴할 때까지 프로세스를 반복합니다.

기본적인 AND, OR, Exclusive-OR의 논리 연산을 바탕으로 퍼셉트론 알고리즘 훈련을 확인해 보겠습니다.

다음은 기본 논리 연산의 진리표입니다.

[표 2-5] 기본 논리 연산 진리표

Input Variables		AND	OR	Exclusive-OR
x_1	x_2	$x_1 \cap x_2$	$x_1 \cup x_2$	$x_1 \oplus x_2$
0	0	0	0	0
0	1	0	1	1
1	0	0	1	1
1	1	1	1	0

먼저 AND 연산을 통한 퍼셉트론 알고리즘의 훈련입니다. 초기화 단계를 완료한 후, 퍼셉트론 알고리즘은 epoch를 나타내는 2개의 입력 패턴들의 시퀀스에 의해 활성화됩니다. 그런 다음 퍼셉트론 가중치는 각각 활성화 후에 업데이트되며, 모든 가중치가 일정한 값으로 수렴될 때 까지 이 과정을 반복합니다. 유사한 방식으로 퍼셉트론 알고리즘은 각 단계별 수행을 통해 OR 연산을 트레이닝할 수 있습니다.

다음은 퍼셉트론 알고리즘을 적용한 AND 연산의 결과입니다.

[표 2-6] 퍼셉트론 알고리즘을 적용한 AND 연산 결과

Epoch	Inputs		Desired output	Initaial weights		Actual output	Error	Final weights	
	x_1	x_2	Y_d	w_1	w_2	Y	e	w_1	w_2
1	0	0	0	0.3	−0.1	0	0	0.3	−0.1
	0	1	0	0.3	−0.1	0	0	0.3	−0.1
	1	0	0	0.3	−0.1	1	−1	0.2	−0.1
	1	1	1	0.2	−0.1	0	1	0.3	0.2

2	0	0	0	0.3	0.0	0	0	0.3	0.0
	0	1	0	0.3	0.0	0	0	0.3	0.0
	1	0	0	0.3	0.0	1	−1	0.2	0.2
	1	1	1	0.2	0.0	1	0	0.2	0.0
3	0	0	0	0.2	0.1	0	0	0.2	0.0
	0	1	0	0.2	0.1	0	0	0.2	0.0
	1	0	0	0.2	0.1	1	−1	0.1	0.0
	1	1	1	0.2	0.1	0	0	0.2	0.1
4	0	0	0	0.2	0.1	0	0	0.2	0.1
	0	1	0	0.2	0.1	0	0	0.2	0.1
	1	0	0	0.2	0.1	1	−1	0.1	0.1
	1	1	1	0.1	0.1	1	0	0.1	0.1
5	0	0	0	0.1	0.1	0	0	0.1	0.1
	0	1	0	0.1	0.1	0	0	0.1	0.1
	1	0	0	0.1	0.1	0	0	0.1	0.1
	1	1	1	0.1	0.1	1	0	0.1	0.1

단일 계층 퍼셉트론 알고리즘은 Exclusive-OR 연산을 수행하도록 훈련할 수 없습니다. 다음 그림을 보면 AND, OR, Exclusive-OR 연산의 함수를 두 입력값을 기반으로 2차원 플롯으로 구성한 형태입니다. 함수 출력이 1인 입력 공간의 점은 검은색 점으로 표시되고, 출력이 0인 점은 흰색 점으로 표시됩니다.

AND와 OR 연산의 경우 검은색 점과 흰색 점이 서로 분리할 수 있는 경태로 결과를 구분할 수 있습니다. 하지만 EXclusive-OR 연산의 경우 흰색 점과 검은색 점을 하나의 경계로 분류할 수 없습니다.

퍼셉트론의 경우 모든 검은색 점과 흰색 점을 구분하는 경우에만 함수를 나타낼 수 있으며 훈련을 통해 목표로 하는 값으로 에러 없이 수행할 수 있습니다. 따라서 퍼셉트론 알고리즘은 AND와 OR 연산은 학습할 수 있지만, Exclusive-OR 연산은 학습할 수 없습니다.

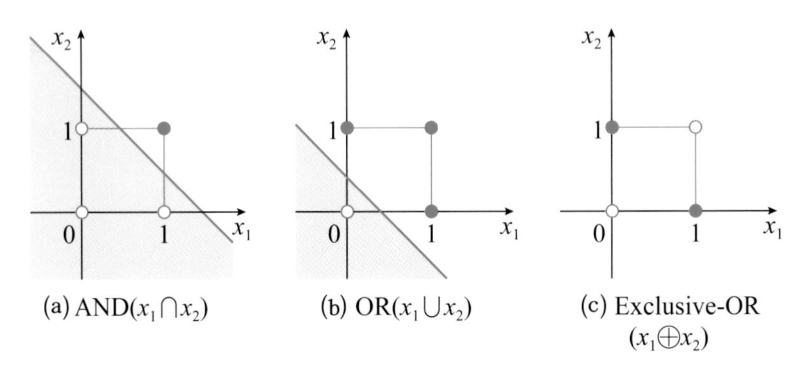

[그림 2-32] 기본 논리 연산의 2차원 플롯들

퍼셉트론은 sign 함수를 사용하기 때문에 선형으로 분리 가능한 함수만을 학습할 수 있습니다.

앞장의 활성화 함수 예에서처럼 다음과 같은 sign 함수는 전체 가중치 입력 X가 임계값 θ 보다 크거나 같을 때만 퍼셉트론 출력 Y는 양의 1의 값을 갖습니다.

$$X = \sum_{i=1}^{n} x_i w_i \qquad Y = \begin{cases} +1 & \text{if } X \geq \theta \\ -1 & \text{if } X < \theta \end{cases}$$

이것은 전체 입력 공간이 $X = \theta$로 정의된 경계를 따라 2로 나뉘어 있음을 의미합니다. 또한, 단층 퍼셉트론은 hard-limit, soft-limit 함수 사용 여부와 관계없이 선형으로 분리 가능한 패턴만 분리할 수 있다는 의미입니다.

그렇다면 선형으로 분리되지 못하는 Exclusive-OF 연산과 같은 학습은 어떻게 분류할 수 있을지 의문이 듭니다. 이러한 문제를 해결하기 위해서 다층 신경망이 필요합니다. 다층 인공 신경망을 구성하고, 역-전파 알고리즘으로 훈련된 다층 퍼셉트론에 의해 분류 가능하고 학습할 수 있습니다.

일반적으로 신경망을 구성하는 네트워크는 source 뉴런의 입력 계층, 최소한 하나의 중간 계층 또는 히든 계층, 그리고 출력 계층으로 구성됩니다. 입력 신호는 각 계층 단위로 입력부터 출력가지 순방향으로 전파됩니다. 2개의 히든 계층과 함께 다 계층 퍼셉트론은 다음과 같습니다.

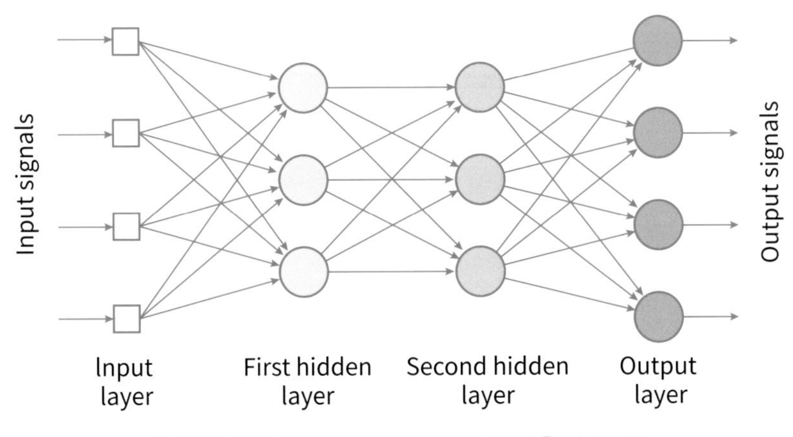

[그림 2-33] 2개의 히든 계층이 있는 다계층 퍼셉트론

히든 계층은 원하는 출력을 숨깁니다. 히든 계층의 뉴런들은 네트워크이 입력/출력 행위를 통해서 관찰할 수 없습니다. 즉 히든 계층의 원하는 출력이 무엇인지 알 수 있는 확실한 방법은 현재로서 없다고 할 수 있습니다. 히든 계층의 원하는 출력은 히든 계층 자체에 의해 결정됩니다.

상업적인 인공 신경망의 경우 10 ~ 1,000개의 뉴런을 포함할 수 있는 히든 계층을 하나 또는 두 개를 포함하여 3 ~ 4개의 계층을 통합합니다. 각 계층의 계산하는 부담이 기하 급수적으로 증가하기 때문에 3 ~ 4개의 계층만 사용하는 것이 일반적입니다.

다층 신경망의 학습 방법은 백여 가지가 넘는 학습 알고리즘을 사용할 수 있지만, 가장 널리 사용되는 방법은 역-전파(back-propagation) 알고리즘을 사용합니다. 이 방법은 1969년에 처음 제안되었지만(Bryson and Ho, 1969), 실제 사용은 1980년 중반에야 역-전파 알고리즘이 재발견되어 사용되고 있습니다.

다층 신경망에서 학습은 퍼셉트론과 같은 방법으로 학습합니다. 입력 패턴의 트레이닝 세트가 네트워크에 제공되며, 네트워크는 출력 패턴을 계산하고 오류가 있거나 실제 출력 패턴과 원하는 출력 패턴의 차이가 있는 경우에 오류를 줄이기 위해 가중치를 조정합니다. 퍼셉트론에서는 각 입력에 대한 가중치만 있고, 하나의 출력에만 가중치가 있지만, 다층 신경망에서는 많은 가중치가 있으며, 각 가중치는 둘 이상의 출력에 기여합니다.

역-전파 신경망에서 학습 알고리즘은 두 단계로 구성됩니다. 먼저 트레이닝 입력 패턴이 네트워크 입력 계층에 제공됩니다. 그런 다음 네트워크는 출력 패턴이 출력 계층에 의해 생성 될 때까지 입력 패턴을 계층에서 계층으로 전파합니다. 이 패턴이 원하는 출력과 다를 경우 오류가 계산된 후에 다음 네트워크를 통해 출력 계층에서 입력 계층 방향으로 역방향 전파를 합니다. 역방향 전파를 통해 오류가 전파되면서 가중치가 수정됩니다.

역-전파 네트워크는 계층이 완전히 연결된 구조를 갖습니다. 즉 각 계층의 모든 뉴런이 인접한 모든 포워드 계층의 모든 뉴런과 연결됩니다.

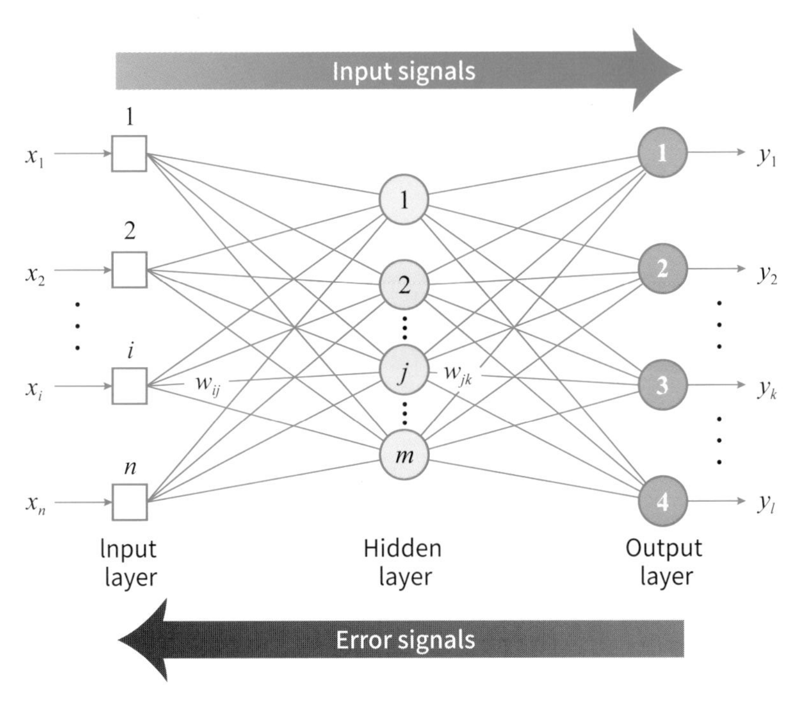

[그림 2-34] 3계층 역-전파(Back-Propagation) 신경망

역전파 알고리즘에서 퍼셉트론은 기존의 단방향 퍼셉트론에서 사용했던 step 활성화 함수 대신 sigmoid 활성화 함수를 사용합니다. sigmoid 함수의 출력은 0과 1사이의 값을 가집니다.

역전파 알고리즘을 바탕으로 Exclusive-OR 연산의 학습의 최종 결과는 다음과 같습니다.

[표 2-7] 논리 Exclusive-OR 연산의 3계층 네트워크 학습 결과

Inputs		Desired output	Actual output	Error	Sum of squared errors
x_1	x_2	Y_d	Y_5	e	
1	1	0	0.0155	−0.0155	0.0010
0	1	1	0.9849	0.0151	
1	0	1	0.9849	0.0151	
0	0	0	0.0175	−0.0175	

역전파 알고리즘의 가중치 드레이닝 방법은 출력 계층에서 입력 계층으로 오류를 전파하는 방법을 사용합니다.

이와 같이 에러 기울기(error gradient)를 계산하면서 히든 계층의 입력과 출력의 가중치를 보정합니다. 트레이닝 과정은 제곱 오차의 합의 0.001 미만이 될 때까지 반복하여 수행합니다.

희망하는 결과와 실제 결과를 비교해 보면 정확하게 같이 일치하지 않지만, 에러를 보정하여 역-전파 알고리즘을 적용하여 모든 뉴런의 학습과 에러를 보정한 결과를 얻을 수 있습니다.

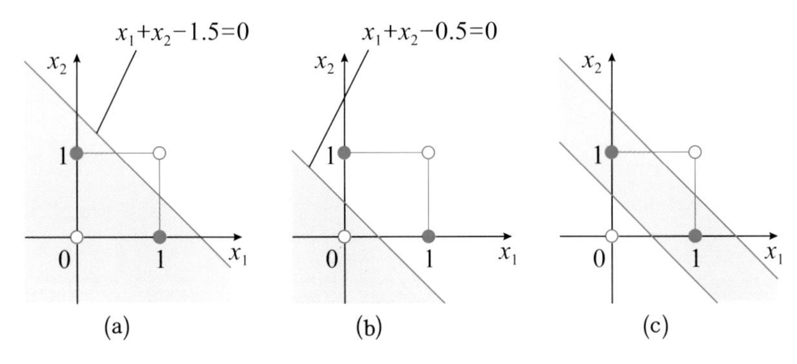

[그림 2-35] 역-전파 알고리즘을 통한 결정 경계

(a)는 히든 뉴런 3에 의해 결정된 경계를 나타내며, (b)는 히든 뉴런 4에 의해 결정된 경계를 나타냅니다. (c)는 최종적으로 3계층 네트워크에 의해 구성된 결정 경계를 나타냅니다.

이로써 단층 인공 신경망을 구성하여 퍼셉트론 알고리즘의 step 활성화 함수를 사용하여 AND, OR 논리 연산의 학습 결과와 다층 신경망을 구성하여 퍼셉트론 알고리즘의 순방향 알고리즘 적용과 simoid 활성화 함수, 역-전파 알고리즘을 통한 에러 보정을 통해 Exclusive-OR 연산의 결정 경계를 학습을 통해 확인하였습니다.

TensorFlow

2.2 비지도 학습

지도 학습과 비지도 학습을 간단하게 구분해 보면, 지도 학습은 목적값을 찾기 위해 머신러닝을 수행하는 학습 방법입니다. 이와 반대로 비지도 학습은 목적값이 없이 컴퓨터 스스로 그룹화하는 과정을 거치는 학습 방법입니다.

그렇다면 이제부터 본격적으로 비지도 학습에 대해 알아보도록 하겠습니다.

2.2.1 비지도 학습 개요

스팸 메일을 분류하는 작업을 수행할 때에는 특정 기준에 따라 '스팸이다 / 아니다'의 두 값으로 나누어서 결과를 나타내게 됩니다. 이와 같이 목적값인 스팸 메일 여부에 따라 결과를 나누어 주는 것은 지도 학습입니다.

이와 반대로 비지도 학습은 목적값이 없이 특정 기준이 없이 그룹화하는 방법입니다.

한 예로 학생 특성에 맞게 그룹화를 한다고 하면, 특성 기준을 정해 주는 것이 아닌, 학생에 대한 다양한 데이터를 가지고 컴퓨터 스스로 여러 상황에 따라 그룹화를 수행하여 줍니다.

지도 학습
'목적값'이 있음
VS
자율 학습
'목적값'이 없음

2.2.2 비지도 학습 특징

비지도 학습은 자율 학습이라고도 불리며, 관찰한 데이터부터 숨겨진 패턴과 규칙을 탐색하여 찾아내는 방법입니다. 따라서 종속변수가 없고 입력 데이터만 컴퓨터에게 제공하고 숨겨진 패턴을 찾도록 한다. 따라서 분석하는 사람의 주관이 반영되며 학습이 끝난 후에는 결과에 대한 판단이 어려운 특징이 있습니다.

비지도 학습을 수행하기 위해서는 먼저 데이터에서 특정 패턴이나 구조를 찾아내야 합니다. 이를 위해 다음과 같이 다양한 방법을 활용하여 데이터의 패턴이나 구조를 찾아냅니다.

- 순서 분석
- 네트워크 분석
- 링크 분석
- 그래프 이론
- 구조 모델링
- 경로 분석

데이터의 밀집 상태에 따라 데이터를 그룹화할 수 있는데 다음과 같이 다양한 방법으로 그룹화를 수행하게 됩니다.

- 위계에 따른 클러스터링
- 밀도에 따른 클러스터링
- 상태에 따른 클러스터링
- 맵을 스스로 구성하는 방법

먼저, 위계에 따라 데이터를 그룹화하거나, 밀도 또는 상태에 따라 그룹화를 할 수 있습니다. 또한, 맵을 스스로 구성하여 그룹화를 하는 방법이 활용될 수 있습니다.

또한, 관찰 공간의 샘플을 기반으로 잠재 공간을 파악할 수 있습니다. 여기서 관찰 공간이란 실제 파악되는 정보로, 경기 승률을 맞추기 위해 정보를 수집하는 홈 관중 수나 선발 선수 등과 같은 정보가 될 수 있습니다.

잠재 공간은 관찰 대상들을 잘 설명할 수 있는 잠재된 정보로, 제공되는 정보가 있을 때 그것을 기반으로 유추할 수 있는 추가적인 정보를 이야기합니다.

한 예로 경기 요일이나 날씨 정보가 제공되면 요일별 승률이나 날씨별 승률과 같이 유추할 수 있는 정보를 말합니다. 이러한 잠재 공간을 파악하고 데이터를 압축하거나 잡음을 제거하는 것도 차원 축소의 방법으로 사용할 수 있습니다.

2.2.3 비지도 학습 수행

비지도 학습이 수행되는 것을 다음과 같이 하나의 예를 가지고 이해해 보도록 하겠습니다.

우선 총 5개의 데이터가 다음과 같이 있다고 가정해 보도록 하겠습니다.

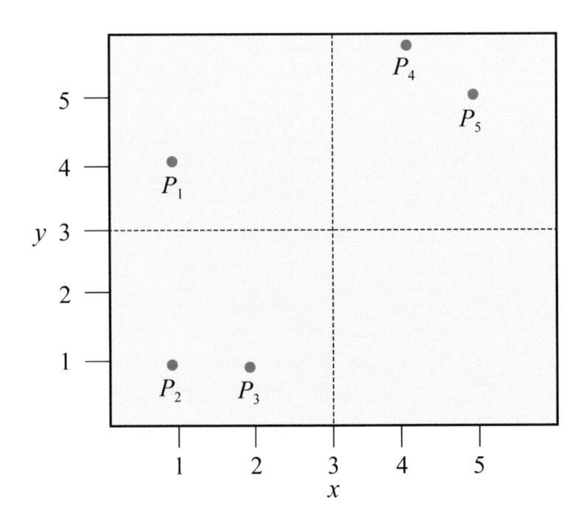

이러한 데이터가 어떠한 방법으로 비지도 학습이 수행되는지 단계별로 확인해 보면 다음과 같습니다.

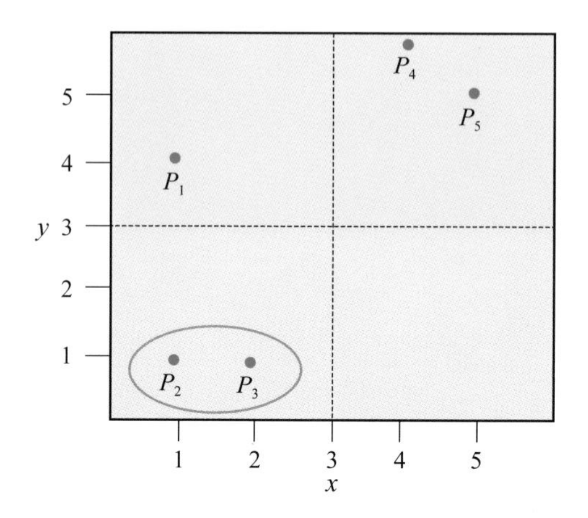

우선 데이터가 밀집해 있는 점부터 그룹화를 수행합니다. 우선 P_2와 P_3가 밀집되어 있으므로 그룹화를 수행합니다. 다음으로는 P_4와 P_5도 밀집되어 있으므로 서로 그룹화를 수행합니다.

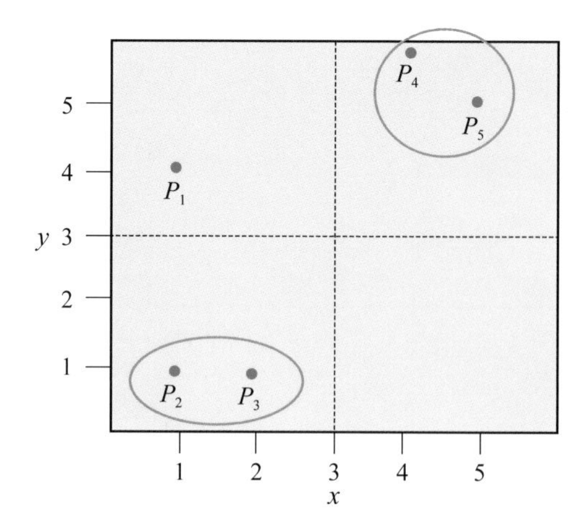

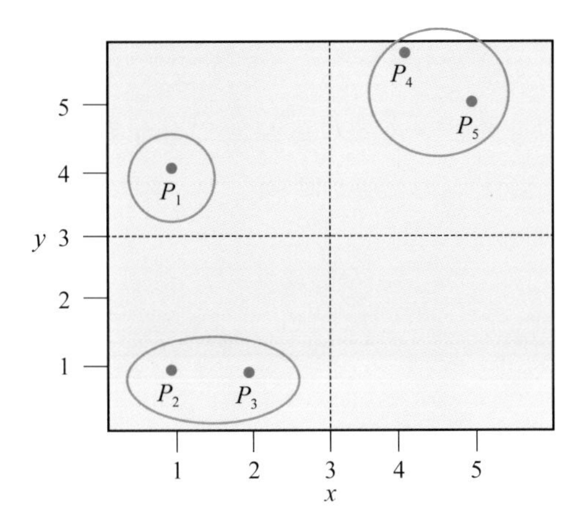

그리고 남은 P_1은 하나의 점으로 그룹화를 수행합니다.

이와 같이 우선 인접한 구간끼리 그룹화를 수행하게 됩니다. 여기서 인접함이란 단순히 그림에서와 같이 거리가 아니라 데이터 간의 연관도를 거리로 환산하여 계산을 수행하게 되는 것입니다.

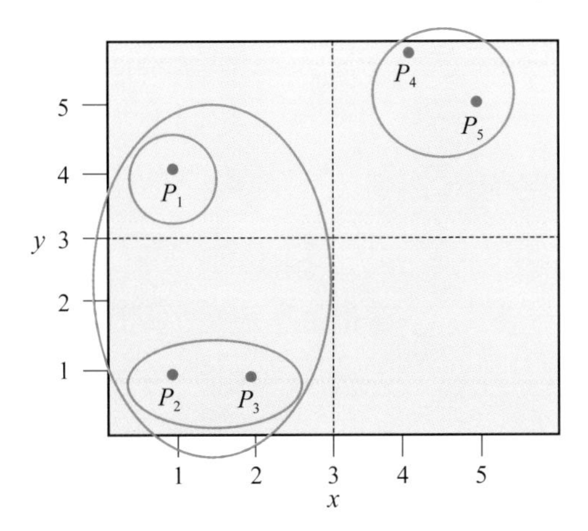

1차적으로 인접 구간 간의 그룹화가 완료되면, 각 그룹화된 것을 하나의 점으로 보고 다시 또 인접 구간과의 그룹화를 수행합니다.

그 후에는 다시 그룹화된 점을 하나로 보고 인접 구간을 또 그룹화하면 결국 하나의 그룹이 되고, 이때 그룹화를 종료합니다.

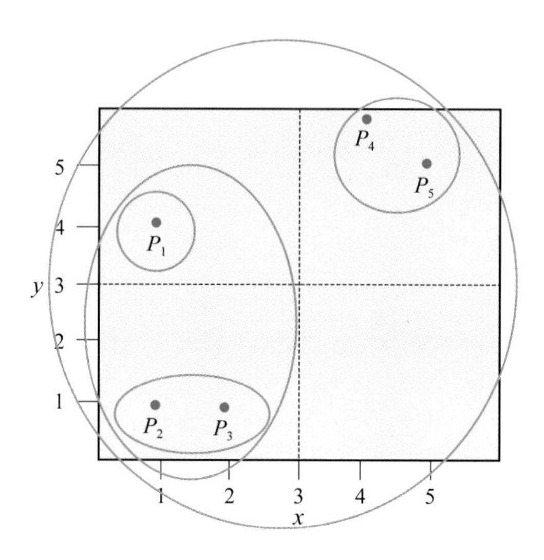

2.2.4 비지도 학습 알고리즘

앞서 알아본 지도 학습은 목적값을 찾기 위해 머신러닝을 수행하는 학습 방법입니다. 이와 반대로 비지도 학습은 목적값이 없이 컴퓨터 스스로 그룹화하는 과정을 거치는 학습 방법입니다. 이제부터 본격적으로 비지도 학습에 대해 알아보도록 하겠습니다.

2.2.4.1 k-Means 알고리즘

k-Means 알고리즘은 비지도 학습의 한 종류로 레이블 되어 있지 않은 데이터를 *k*개의 군집으로 클러스터링해 주는 알고리즘입니다.

하나의 예를 들면, 새로운 스크린 골프장을 창업하기 위해서 장소를 알아보는데 있어 어느 곳이 좋을지 판단을 해야 할 것입니다. 그때 많은 상가를 돌아다녀 보며 상가 크기나 주차장이 있는지와 주변 상권 등이 정리될 것이고 그에 따라 위치를 선정하게 될 것입니다.

여기에서 위 조건에 따라 다음과 같은 형태의 특성이 있는 상가가 모여지게 될 것입니다.

- 주차장을 가지고 있는 도시, 농촌 상권
- 주차장은 없지만 상가가 크고 아파트 상권
- 주차장이 없고 상가는 작지만 역세권

위와 같이 특징에 따라 나누고 그에 맞는 데이터를 모아서 군집시켜 주는 것을 k-Means 알고리즘이라고 합니다.

k-Means 알고리즘을 알아보기에 앞서, 비지도 학습에 대한 특성을 다시 한번 살펴보겠습니다.

비지도 학습은 결과를 예측할 수 없고, 컴퓨터가 스스로 정답을 찾아야 하는 학습 방법입니다. 이를 위해 k-Means 는 중심값을 선정하고, 그 중심값과 다른 데이터 간의 거리를 이용하여 분류를 수행하고, 이러한 분류가 완료될 때까지 여러 번 반복하는 방식의 알고리즘입니다. 이는 목적값이 없어 분류의 기준조차 스스로 구성해야 하는 비지도 학습에 적합한 방식입니다.

k-Means 알고리즘은 모집단 또는 범주에 대한 사전 정보가 없을 때는 다음과 같은 방법으로 측정합니다.

- 주어진 관측값들 사이의 거리 측정
- 유사성을 이용하여 분석

또한, 전체 데이터를 여러 개의 집단으로 그룹화하여 군집을 형성하게 됩니다.

- 각 집단의 성격 파악
- 데이터 전체의 구조를 이해하기 위함

그리고 새로운 데이터와 기존 데이터 간의 유클리디안 거리가 최소가 되도록 클러스터링을 하게 되는데, 여기서 유클리디안 거리란 두 점 간의 직선 거리입니다.

- 기존 데이터를 기준점으로 하여 유클리디안 거리 측정
- 거리가 최소화되도록 k 개의 묶음으로 클러스터링

이러한 과정을 통해 데이터를 k개의 클러스터로 묶어서 각 클러스터와 거리 차이의 분산을 최소화하고 각 클러스터의 중심값에서 중심과의 거리를 비교하여 각 클러스터 간의 거리 차이의 분산을 최소화하게 됩니다.

이때 입력값으로 k를 취하고 객체 집합을 k개의 클러스터로 만드는 방법은 다음과 같습니다.

- 클러스터 내 유사성은 높게
- 클러스터 간 유사성은 낮게

k-Means 알고리즘은 거리 기반 분류 방식으로, 유클리디안 거리를 측정하고 중심점과의 거리를 최소화하는 데 목적이 있습니다. 또한, 반복 작업을 통해 초기에 잘못 병합된 경우를 보완하고 여러 번 반복 수행하여 초기 오류를 회복합니다. 그리고 여러 번 반복의 결과로 최적의 결과를 만들어 내게 됩니다.

또한, 간단한 알고리즘으로 계산 시간을 최소화하고 대규모 시스템에 적용 가능한 짧은 계산 시간의 특징이 있습니다. 마지막으로 탐색적 방법으로, 새로운 자료에 대한 사전 정보가 필요하지 않으며, 자료에 대한 정보 없이도 자료 구조를 탐색합니다. 그리고 새로운 자료에 대한 탐색을 통해 의미 있는 자료를 찾아내는 방법입니다.

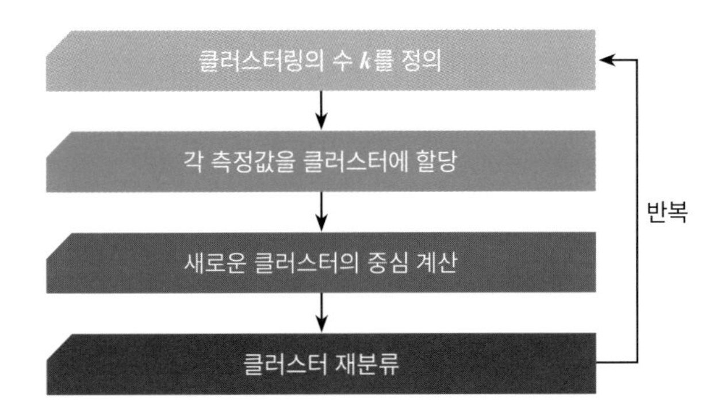

k-Means 알고리즘의 수행 절차는 클러스터링 수 k를 정의하는 것을 시작으로, 각 측정값을 클러스에 할당하여 중심을 계산하고 재분류하는 작업을 지속적으로 반복하는 것입니다.

이제부터 실제 k-Means 알고리즘이 어떻게 수행되는지 단계별로 확인해 보도록 하겠습니다.

우선 초기 k개 클러스터의 중심을 선택합니다. 여기에서는 k를 3으로 하여 3개의 중심을 선정하였습니다.

- k 개의 클러스터 중심 선택

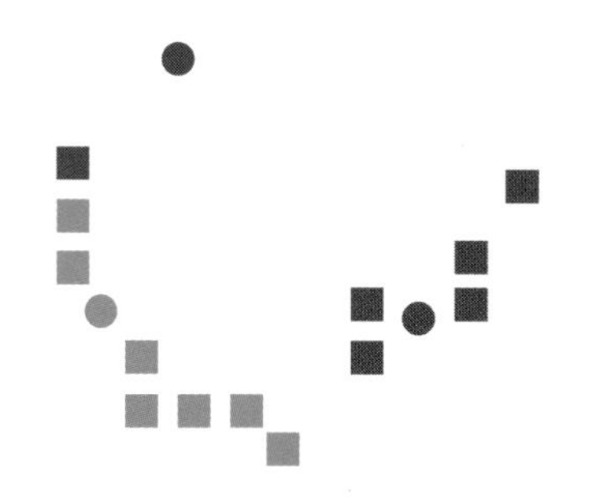

- 각 측정값을 클러스터에 할당

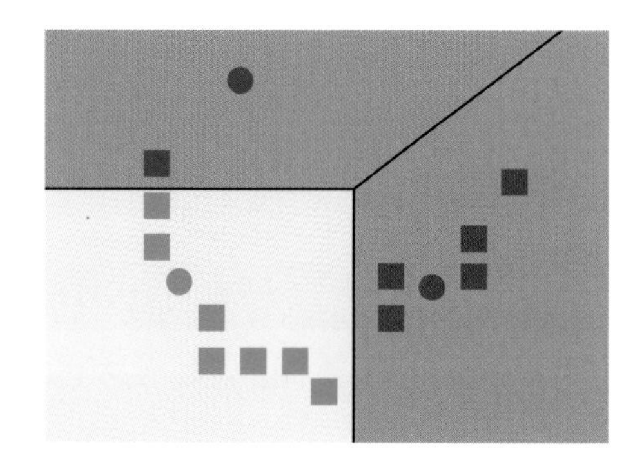

- 새로운 클러스터의 중심 계산

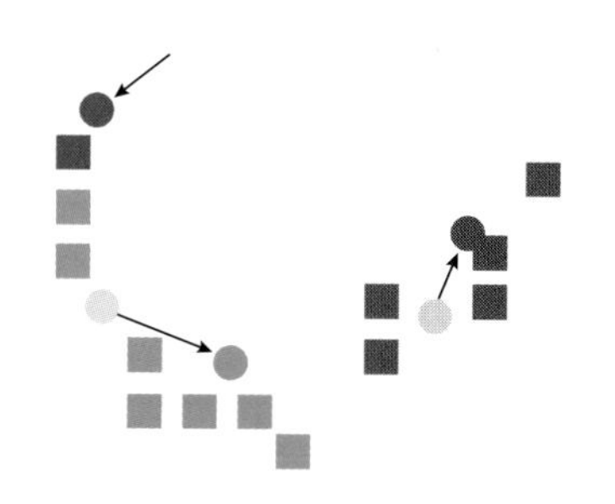

- 클러스터재 분류

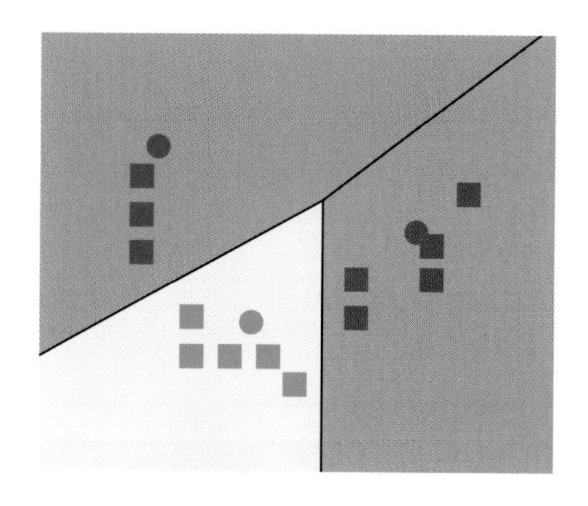

위의 단계에서 살펴본 바와 같이, 각 클러스터의 중심을 정하고 유클리디안 거리가 최소가 되는 클러스터의 중심값을 다시 계산한 후에 재분류를 수행합니다. 이러한 과정을 계속 반복하게 되며, 경계가 더 이상 변경되지 않게 되면 종료하는 방법으로 k-Means 알고리즘이 동작하게 됩니다.

k-Means 알고리즘은 처음 초기화를 한 후 지속적인 재분류를 하게 됩니다. 이러한 초기화 방법에도 여러 가지가 있는데, 이제부터 초기화 기법에 대해 알아보겠습니다.

우선 무작위 분할 기법은 가장 많이 쓰이는 초기화 기법으로, 각 데이터들을 임의의 클러스터에 배당합니다. 그 후 각 클러스터에 배당된 점들의 평균값을 초깃값으로 설정하고 데이터 순서에 대해 독립적인 특징이 있습니다. 또한, 각 데이터들에 대해 고르게 분포가 되며 초기 클러스터의 무게중심들이 데이터 집합의 중심에 가깝게 위치하는 경향을 보이게 됩니다.

다음으로 Forgy 기법은 1965년 Forgy에 의해 고안된 것으로, 데이터 집합으로부터 임의의 k개의 데이터를 선택하는 방법입니다.

선택된 k개의 데이터는 각 클러스터의 초기 중심으로 설정되며 데이터 순서에 대해 독립적인 특징이 있습니다. 이 방법은 각 클러스의 무게중심이 중심으로부터 퍼져 있는 경향을 보이며, 그 이유는 초기 클러스터가 임의의 k개의 점들에 의해 설정되기 때문입니다.

다음으로 MacQueen 기법은 1967년 MacQueen 에 의해 고안된 것으로, 처음 값을 선택하는 것은 Forgy와 동일합니다. 데이터 집합으로부터 임의의 k개의 데이터를 선택하여 선택된 k개의 데이터는 각 클러스터의 초기 중심으로 설정합니다. 선택되지 않은 각 데이터들에 대해 가장 가까운 클러스터를 찾아 데이터를 배당합니다. 모든 데이터들이 클러스터에 배당되면 각 클러스터의 무게중심을 다시 계산합니다. 이 방법은 최종에 가까운 클러스터를 찾는 것은 비교적 빠르나 최종에 해당하는 클러스터를 찾는 것은 매우 느린 특징이 있습니다.

마지막으로 Kaufman 방법이 있는데, 1990년 Kaufman과 Rousseeuw에 의해 고안된 방법입니다. 전체 데이터 집합 중 가장 중심에 위치한 데이터를 첫 번째 중심으로 선정하는 것으로, 선택되지 않은 데이터 집합에 근접하게 위치한 데이터를 새로운 중심으로 설정하게 됩니다. 따라서 가까운 무게중심으로 설정되는 것이 아니며, 총 k개의 중심이 설정될 때까지 반복합니다. 무작위 분할과 마찬가지로 초기 클러스터링과 데이터 순서에 비교적 독립적이며, 초기 클러스터링과 데이터 순서에 독립적이지 못한 알고리즘보다 월등한 성능을 보입니다.

다음으로는 k-Means에서 중요한 k의 개수를 정하는 알고리즘에 대해 알아보도록 하겠습니다.

클러스터를 계산하기 위해 가장 간단한 방법은 Rule of thumb 방법으로, 데이터의 수가 n이라 할 때 필요한 클러스터의 수는 다음의 식을 따르게 됩니다.

$$k \approx \sqrt{n/2}$$

다음으로는 클러스터의 수를 순차적으로 늘려가면서 결과를 모니터링하는 Elbow Method 방법이 있습니다.

이는 하나의 클러스터를 추가했을 때, 이전보다 훨씬 더 나은 결과를 나타내지 않으면 이전의 클러스터의 수를 최종 클러스터의 수로 설정하는 방법입니다.

정보 기준 접근법은 클러스터링 모델에 대해 가능성을 계산하는 방법으로, 가능성을 계산할 수 있는 경우에 사용하는 방법입니다.

k-Means 알고리즘은 탐색적 기법으로, 새로운 데이터의 내부 구조에 대한 사전적 정보 없이 클러스터링을 하고 있으며 대용량 데이터에 대한 탐색적인 기법입니다. 또한, 거의 모든 형태의 데이터에 대하여 적용이 가능하고, 관찰할 데이터 간의 거리를 데이터형에 맞게만 정의하면 분석이 가능한 방법입니다.

또한, 클러스터링 방법은 데이터에 대해 사전 정보를 요구하지 않으며, 사전에 특정 변수에 대한 역할 정의가 필요하지 않고 관찰할 데이터 간의 거리만이 분석에 필요한 입력값으로 분석 방법의 적용이 쉬운 장점이 있습니다.

그에 반해 관찰할 데이터들 사이의 거리를 정의하는 것이 어렵고, 각 변수에 대한 가중치를 결정하는 것이 어렵습니다. 또한, 사전에 정의된 클러스터링 수 k를 기준으로 찾게 되는데, 초기 설정 클러스터링 수가 적합하지 않으면 결과가 나쁘게 나오게 됩니다. 그리고 사전에 주어진 목적이 없어 결과의 해석이 어려운 단점을 가지고 있습니다.

k-Means 알고리즘은 데이터 분류 및 클러스터링 방법으로 활용하고 있으며, 성향이 불문명한 시장을 분석하는 데 활용되고 있습니다. 또한, 트렌드와 같이 명확하지 못한 기준을 분석하거나 패턴 인식, 음성 인식과 같은 기본 기술로 많이 활용됩니다. 그리고 개체가 불규칙하거나 관련성을 알 수 없는 초기 분류에서도 많이 활용되고 있습니다.

2.2.4.2 DBSCAN 알고리즘

k-Means에서 살펴본 바와 같이 비지도 학습 방법은 분류의 기준이 정해진 상태에서 분류를 수행하는 것이 아니라, 분류를 어떻게 해야 하는지도 스스로 학습하면서 구성해 가는 방법입니다.

특히 k-Means는 분류의 기준을 데이터 간의 거리로 활용하여 거리 기반으로 균등하게 분류를 만들고 나누어지도록 하는 클러스터링 방법을 활용하고 있습니다. 하지만 단순한 거리 위주의 분류는 데이터의 가중치를 반영하지 못하는 한계점이 발생할 수 있습니다.

DBSCAN은 k-Means의 거리 기반이 아닌 밀도 기반으로 클러스터링을 수행하는 것이 가장 큰 차이이며, 이를 활용하여 데이터의 가중치나 밀도를 체크하여 분류를 수행할 수 있게 됩니다.

한 예로 국가 기관에서 국립병원을 전국에 설치하기 위해 위치를 설정한다면 단순히 전국을 면적으로 나누어 클러스터링하고, 해당 지역에 설치를 하는 방법은 문제점이 발생할 수 있습니다. 왜냐하면, 사람들이 많이 거주하는 밀집 지역에는 이용률이 매우 높고, 사람이 거의 없는 지역에는 이용하는 사람이 너무 적을 수 있기 때문입니다. 이럴 때 밀도 기반으로 클러스터링을 하여 위치를 선정한다면, 그 지역의 거주자 수에 맞게 설치가 될 수 있어 조금 더 효율적으로 이용할 수 있게 될 것입니다.

그럼 본격적으로 밀도 기반의 클러스터링 방법인 DBSCAN에 대해 학습해 보도록 하겠습니다.

DBSCAN은 Density-Based Spatial Clustering of Applications with Noise의 약자로, k-Means와 같이 데이터의 위치 정보를 이용하는 클러스터링 방법입니다. k-Means는 평균과의 거리가 얼마나 떨어졌는지를 확인하고 클러스터링을 수행하지만, DBSCAN은 같은 클러스터 내의 데이터들은 밀도가 높을 것이라는 가정하에 데이터 밀도를 활용하여 클러스터링을 하는 것이 가장 큰 차이점이라고 볼 수 있습니다.

한 예를 들면 행정구역을 나눌 때 지역의 크기 기준으로 나누는 것이 k-Means라면, 사람들이 살고 있는 인구밀도 기준으로 나누는 것이 DBSCAN이라고 할 수 있습니다.

- 지역의 크기 기준 vs 사람들이 살고 있는 인구밀도 기준
- DBSCAN은 인구밀도 기준으로 나눈 것에 가깝다.

DBSCAN을 사용하려면 파라미터에 대한 정의가 필요합니다. 우선 주변 공간에 대한 정의는 각 데이터 벡터들로부터의 반경 E와 클러스터로 인정하기 위한 반경 E 이내의 최소 개수 N을 정의하는 것입니다.

다음으로 그 주변 공간에 몇 개의 데이터가 존재해야 클러스터로 설정할 것인지를 결정하는 파라미터가 필요하며, 2개의 파라미터를 활용하여 다양한 개념을 정의합니다. 개념의 정리를 위해 사용하는 것은 이웃 벡터, 핵심 벡터, 직접 접근 가능, 접근 가능, 연결된, 클러스터, 노이즈가 있습니다.

- 이웃 벡터: 한 데이터 벡터로부터 거리 E 내에 위치한 다른 데이터 벡터

- 핵심 벡터: N 개 이상의 이웃 벡터를 갖는 데이터 벡터
- 직접 접근 가능: 핵심 벡터 p, p 의 이웃 벡터 q 에 대해

  $p \rightarrow q$: p 는 q에 대해 접근 가능

  q 가 핵심 벡터가 아니면, p 는 q 로부터 직접 접근 불가
- 접근 가능: 데이터 벡터 p 와 q 에 대해

  직접 접근 가능한 데이터 벡터 배열

  $\{p=p1 \rightarrow p2, \ldots, \rightarrow q\}$ 가 있다면

  q 는 p 로부터 접근 가능 ($p \rightarrow q$)
- 연결된: 벡터 p 와 q 에 대해

  p 와 q 에 접근 가능한 벡터 o 가 존재 ($o \rightarrow p$, $o \rightarrow q$)

  p 와 q 는 서로 연결되어 있음 ($p \leftrightarrow q$)
- 클러스터: 핵심 벡터 p 에 대해서 접근 가능한 모든 데이터 벡터들의 집합

  한 클러스터 내의 모든 데이터 벡터들은 서로 연결되어 있음
- 노이즈: 어떠한 클러스터에도 속하지 않는 데이터들

  사용이 되지 않을 값

DBSCAN의 클러스터링은 파라미터들을 활용하여 클러스터링하거나 노이즈를 제거하는 것이 핵심인 알고리즘입니다. 클러스터는 핵심 벡터를 중심으로 생성되며, 핵심 벡터에서 접근은 가능하지만 핵심 벡터가 아닌 외곽 벡터가 존재하게 됩니다.

DBSCAN의 클러스터링을 위해 모든 데이터 벡터에 대해 아래의 표과 같이 분류를 하게 됩니다.

[표 2-8] DBSCAN의 벡터 분류

분류	설명
핵심 벡터	- 한 데이터 벡터로부터 거리 E 내에 위치한 다른 데이터 벡터들의 수가 N보다 클 경우 클러스터링 - 이때 중심이 되는 벡터
외곽 벡터	- 핵심 벡터로부터 거리 E 내에 위치해서 같은 클러스터로 분류 - 자체로는 핵심 벡터가 아니고, 해당 클러스터의 외곽을 형성
노이즈 벡터	- 핵심 벡터도 아니고 외곽 벡터도 아닌 벡터 - 거리 E 내에 N개 미만의 벡터가 있음 - 그 벡터들이 모두 핵심 벡터가 아님 - 어떠한 클러스터에도 속하지 않음

DBSCAN은 밀도 기반의 클러스터링 방법으로 다음과 같은 장점을 가지게 됩니다.

- 클러스터의 개수를 미리 정할 필요가 없음
- 각각의 데이터들에 대해 밀도를 계산해서 클러스터링
- 비선형 경계의 클러스터링 가능
- 노이즈 데이터를 따로 분류하므로 노이즈값이 클러스터에 영향을 주지 않음
- DBSCAN의 N (최소 이웃의 수) 개수 때문에 클러스터에서의 경계에서 애매하게 있는 점이 줄어듦

DBSCAN은 밀도 기반으로 클러스터링을 하면서 다양한 장점이 존재하기도 하지만, 한계점도 다음과 같이 발생할 수 있습니다.

- 데이터를 사용하는 순서에 따라 클러스터링이 다르게 될 수 있음
  2개 이상의 각기 다른 군집에 핵심 벡터가 있을 경우, 순서에 따라 다른 클러스터에 속할 수 있으나 자주 발생하는 문제는 아님
  발생하여도 클러스터에 큰 영향을 주는 문제가 아님
- 거리 측정 방법에 따라 고차원 데이터에서 적절한 E를 찾기 어려움

DBSCAN 클러스터링이 실제로 어떻게 수행되는지 다음과 같이 절차에 의해 확인해 보도록 하겠습니다.

우선 DBSCAN 클러스터링을 위해 핵심이 되는 핵심 벡터를 선정해야 합니다.

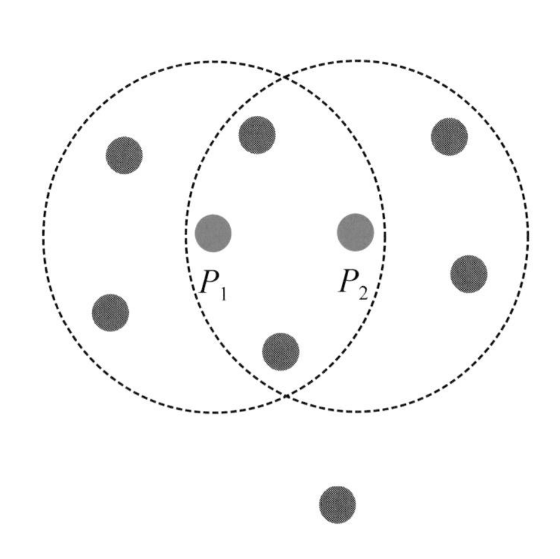

[그림 2-36] 핵심 벡터 선정

그림에서 보는 바와 같이 핵심 벡터 P_1은 거리 E 내에 5개의 이웃 벡터가 있는 핵심 벡터입니다. 그리고 P_1의 직접 접근 가능한 다른 핵심 벡터 P_2

또한 같은 클러스터에 속하게 됩니다.

다음으로는 외곽 벡터에 대해 알아보도록 하겠습니다.

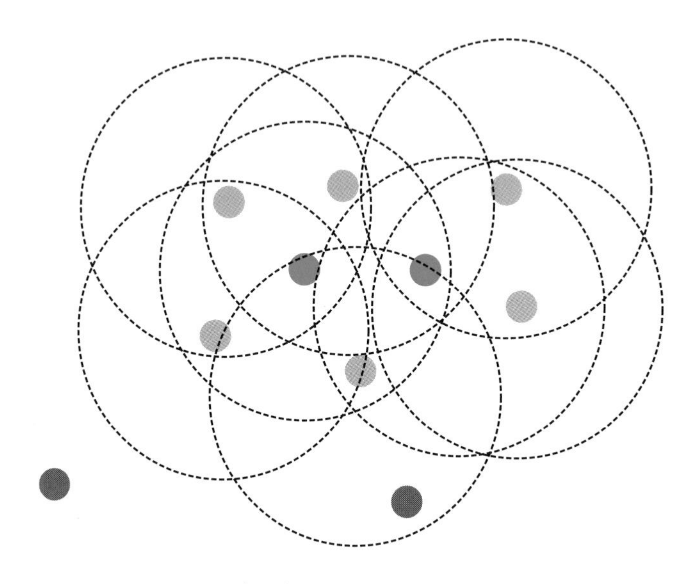

[그림 2-37] 외곽 벡터 선정

그림에서 보는 바와 같이 이웃 벡터는 5개 미만이면서 핵심 벡터의 이웃 벡터인 것을 외곽 벡터로 선정하게 됩니다.

이렇게 핵심 벡터와 외곽 벡터를 선정하게 되면 그 외의 결괏값에 영향이 없는 벡터는 노이즈로 판단하여 처리하게 됩니다. 노이즈는 이웃 벡터가 5개 미만이며 이웃 벡터도 핵심 벡터도 아닌 것을 노이즈로 분류하게 됩니다.

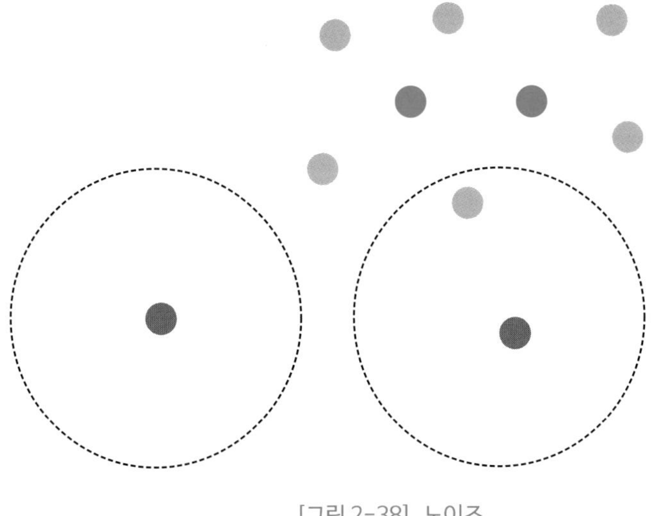

[그림 2-38] 노이즈

이러한 수행 절차를 모두 종료하고 나면, 노이즈를 제거한 DBSCAN 클러스터링이 완료되어 아래의 그림과 같이 클러스터가 생성되게 됩니다.

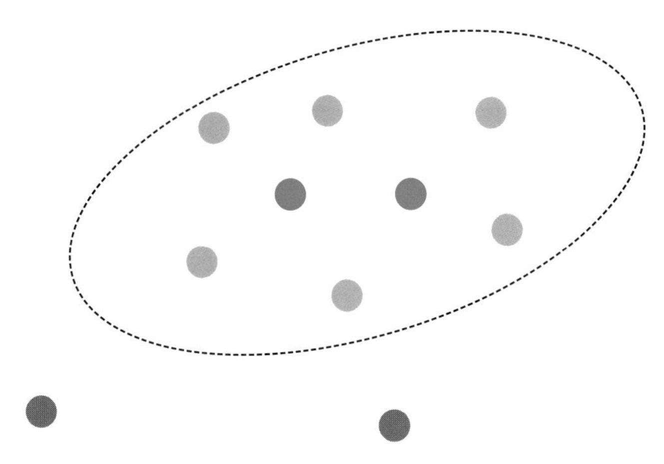

[그림 2-39] DBSCAN 클러스터링 완료

2.2.4.3 계층적 클러스터링 알고리즘

계층적 클러스터링 알고리즘은 데이터에서 모든 두 군집 간의 거리를 계산한 후에 모든 데이터가 하나의 군집으로 병합될 때까지 군집들을 자연적인 계층 구조로 정렬하는 방법입니다.

계층적 클러스터링은 고차원 또는 다차원 데이터를 시각화하는 기본적 방법 중의 하나로 사용이 매우 간단하며 사람이 확인하기 쉬운 알고리즘입니다. 따라서 방법이 직관적이고 고차원의 데이터 셋에서 어떤 일이 일어나는지 빠르게 확인할 수 있습니다. 계층적 군집이라고도 불리우며 데이터들을 계층화하는 작업을 말합니다.

클러스터를 접근하는 절차는 상향식 접근 방법을 사용하고, 각 개별 데이터부터 시작하게 됩니다. 그 후 주변을 그룹화하면서 묶어 나가면서 전체 데이터 세트가 하나의 큰 클러스터 형태로 이루어지면 클러스터링 절차가 완료되게 됩니다.

다음은 클러스터링의 접근 절차를 개념적으로 나열한 것입니다.

- 흩어져 있는 작은 조각이 모임
- 작은 공 형태로 무리가 형성
- 형성된 무리는 다른 무리와 합체
- 최종으로 큰 클러스터로 구성

클러스터를 접근하는 것은 데이터 셋에서 서로 가까운 두 개의 점을 찾고 점을 합쳐서 하나로 만들어 줍니다. 그 후에 합쳐져 만든 점이 다른 점과 비교하고, 합쳐진 점은 대체되게 됩니다. 이러한 과정을 계속 반복하여 가까운 것 끼리 합쳐나가게 되면 결국 하나의 큰 클러스터가 형성되고 계층적 클러스터링이 완료되게 됩니다.

계층적 클러스터링에서 중요한 것은 두 점 사이의 거리를 측정하는 것인데, 그 방법으로는 유클리디안 거리 측정 방법과 맨해튼 거리 측정 방법을 활용합니다.

유클리디안 거리 측정 방법은 두 점 사이의 거리를 계산할 때 많이 활용되는 것으로, 두 점 사이의 직선 거리를 측정하게 됩니다. 두 개의 자연수 x와 y의 최대공약수를 계산하는 알고리즘으로 다음 식으로 표현됩니다.

$$d(x,y) = \sqrt{(x_1 - y_1)^2 + \ldots + (x_p - y_p)^2} = \sqrt{(x-y)'(x-y)}$$

맨해튼 거리 측정 방식은 택시 거리라고도 불리며, 뉴욕의 맨해튼에서 실제 이동할 수 있는 거리와 같다고 하여 결정된 이름 입니다. 이는 각 블록을 이동하듯이 두 점 사이의 거리를 측정하는 것으로 다음의 식으로 표현됩니다.

$$d(x,y) = \sum_{i=1}^{p} |x_i - y_i|$$

유클리디안 거리 측정과 맨해튼 거리 측정을 비교하면 그림과 같이 나타나며, 두 가지 모두 두 점 간의 좌표의 차의 절댓값으로 계산하게 됩니다.

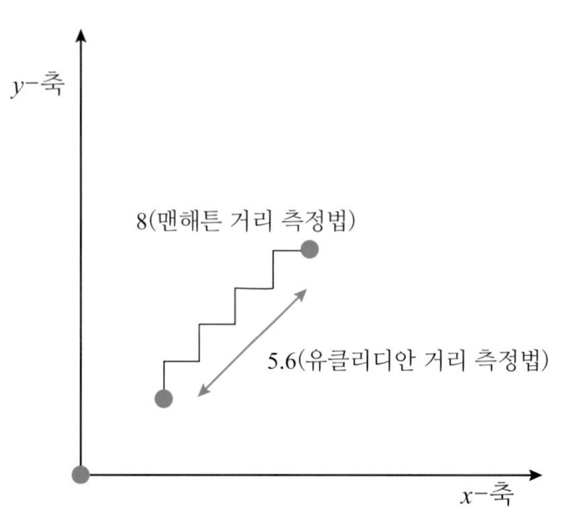

[그림 2-40] 유클리디안 거리와 맨해튼 거리 측정법

계층적 클러스터링을 실제 수행하기 위해서는 다음과 같은 절차를 통해 수행됩니다.

- *N* 개의 자료를 하나의 클러스터로 취급
- 주어진 클러스터들 중 가장 가까운 두 클러스터를 병합
- 병합 과정을 반복하여 하나의 클러스터에 속할 때까지 반복
- 거리 측정 방법에 따라 최단 연결, 최장 연결로 구분

계층적 클러스터링을 위해서는 각 점 간의 거리를 행렬로 표시해 주어야 합니다. 아래에서 거리 행렬값을 표현한 예로 각 점 간의 거리를 표시하고 있습니다.

1	0				
2	7	0			
3	1	6	0		
4	9	3	8	0	
5	8	5	7	4	0
	1	2	3	4	5

[그림 2-41] 거리 행렬값의 예

계층적 클러스터링을 수행하기 위해서는 거리 측정 방법에 따라 최단 연결법과 최장 연결법으로 구분해서 수행할 수 있습니다. 우선 최단 연결법으로 계층적 클러스터링을 수행하는 과정을 살펴보도록 하겠습니다.

최단 연결법은 최소 거리를 갖는 두 데이터를 선택하여 군집을 형성하고, 형성된 군집과 다른 데이터 또는 군집과의 최단 거리를 새롭게 계산하여 이 과정을 반복하는 것입니다.

위에서 확인한 거리 행렬값 데이터를 최단 연결법으로 수행하게 되면 다음의 단계로 수행이 이루어지게 됩니다.

- STEP 1: $d(1,3)=1$이 최소

(1,3)	0			
2	6	0		
4	8	3	0	
5	7	5	4	0
	(1,3)	2	4	5

$d((2),(1,3))=min\{d(2,1), d(2,3)\}=d(2,3)=6$

$d((4),(1,3))=min\{d(4,1), d(4,3)\}=d(4,3)=8$

$d((5),(1,3))=min\{d(5,1), d(5,3)\}=d(5,3)=7$

- STEP 2: $d(2,4)=3$이 최소

(1,3)	0		
(2,4)	6	0	
5	8	4	8
	(1,3)	(2,4)	5

$d((2,4),(1,3))=min\{d((2),(1,3)), d((4),(1,3))\}$
$=d((2),(1,3))=6$

$d((5),(2,4))=min\{d(5,2), d(5,4)\}=d(5,4)=4$

- STEP 3: $d((5),(2,4))=4$가 최소

(1,3)	0	
(2,4,5)	6	0
	(1,3)	(2,4,5)

$d((1,3),(2,4,5))=d(2,3)=6$

- STEP 4: 남은 클러스터를 모두 합침 (1,2,3,4,5)

최장 연결법은 최소 거리를 갖는 두 데이터를 선택하여 군집을 형성하여, 형성된 군집과 다른 데이터 또는 군집과의 최장 거리를 새롭게 계산하는 것이 최단 연결법과의 차이입니다. 다음은 같은 데이터를 최장 연결법으로 수행하였을 때의 과정입니다.

- STEP 1: $d(1,3)=1$이 최소

(1,3)	0			
2	7	0		
4	8	3	0	
5	9	5	4	0
	(1,3)	2	4	5

$d((2),(1,3))=max\{d(2,1), d(2,3)\}=d(2,1)=7$

$d((4),(1,3))=max\{d(4,1), d(4,3)\}=d(4,1)=9$

$d((5),(1,3))=max\{d(5,1), d(5,3)\}=d(5,1)=8$

- STEP 2: $d(2,4)=3$이 최소

(1,3)	0		
(2,4)	9	0	
5	7	5	0
	(1,3)	(2,4)	5

$$d((2,4),(1,3))=max\{d((2),(1,3)), d((4),(1,3))\}$$
$$=d((4),(1,3))=9$$

$d((5),(2,4))=max\{d(5,2), d(5,4)\}=d(2,4)=5$

- STEP 3: $d((5),(2,4))=5$가 최소

(1,3)	0	
(2,4,5)	9	0
	(1,3)	(2,4,5)

$d((1,3),(2,4,5))=d(1,4)=9$

- STEP 4: 남은 클러스터 모두 합침 (1,2,3,4,5)

이러한 과정을 거쳐 계층적 클러스터링을 완료하면 다음과 같이 덴드로그램 형태로 구조를 나타낼 수 있습니다. 아래의 그림은 이러한 결과를 유클리디안 거리와 맨해튼 거리로 각각 측정했을 때의 덴드로그램을 보여 주고 있습니다.

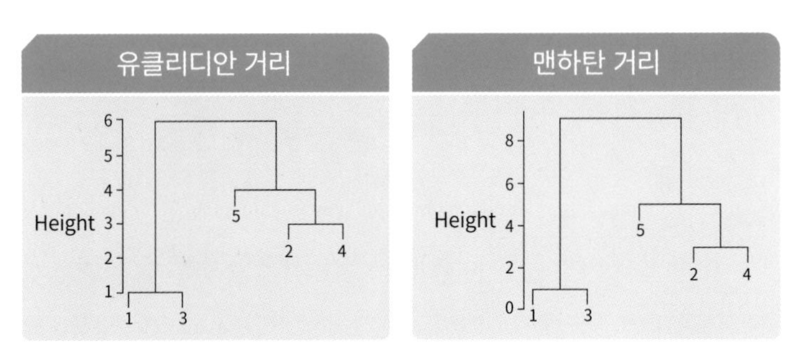

[그림 2-42] 유클리디안 거리와 맨해튼 거리로 측정했을 때의 덴드로그램

2.2.4.4 Hebbian

신경망의 주된 특성은 환경에서 배우고 학습을 통해 성능을 향상시키는 능력입니다. 이제까지 네트워크에 트레이닝 셋을 제공하는 감독자와 함께 학습을 하였습니다. 그러나 감독자가 없는 학습도 있습니다. 이제부터 비지도 학습 알고리즘인 Hebbian 알고리즘에 대해서 이해하도록 하겠습니다.

비지도 학습의 경우에는 뇌의 신경 생물학적 조직을 따르는 경향이 있습니다. 학습 동안에 신경망은 여러 가지 다양한 입력 패턴을 수신하고 패턴의 중요한 특징을 발견하고 입력 데이터를 적절한 범주로 분류하는 방법을 학습합니다. 비지도 학습 알고리즘은 빠르게 배우고 실시간으로 활용할 수 있습니다.

Hebb's 법칙에 따르면 뉴런 i가 뉴런 j를 자극하기에 충분히 가깝고 반복적으로 활성화되면 이 두 뉴런 간의 시냅스 연결이 강화되고 뉴런 j는 뉴런 i의 자극에 보다 민감해진다고 합니다.

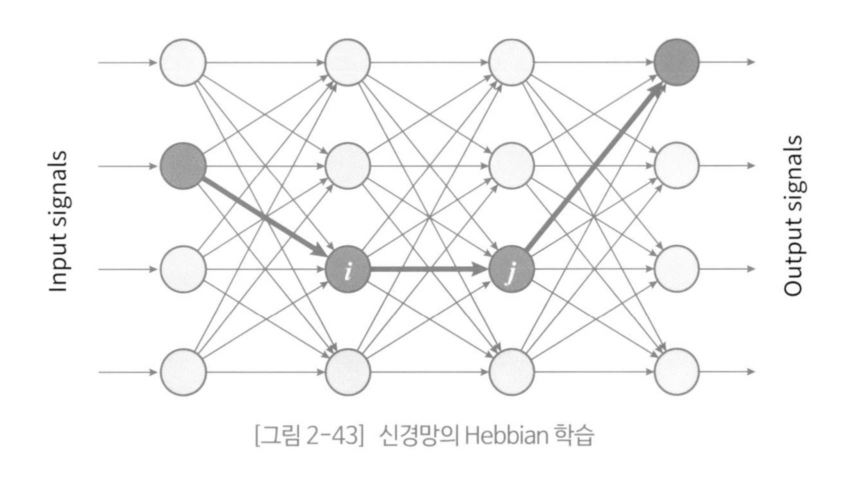

[그림 2-43] 신경망의 Hebbian 학습

Hebb의 규칙은 다음과 같이 두 가지 규칙의 형태로 표현할 수 있습니다.

- 연결의 양쪽에 있는 두 개의 뉴런이 동기적으로 활성화되면서 해당 연결의 가중치가 증가한다.
- 연결의 한쪽에 있는 두 개의 뉴런이 비동기적으로 활성화되면 해당 연결의 가중치가 감소한다.

Hebb의 법칙은 지도자 없이 학습할 수 있는 기초를 제공합니다. 학습은 환경으로부터 피드백 없이 일어나는 지역적인 현상입니다. Hebbian 학습은 가중치만 증가할 수 있음을 의미하며, 이 문제를 해결하려면 시냅스 가중치의 증가에 제한을 두어야 하는데, 이때 Hebb의 법칙에 비선형 망각 요소(non-linear forgetting factor)를 도입하여 수행할 수 있습니다. 망각 요소는 일반적으로 가중치 증가를 제한하면서 조금 망각하는 '0'과 '1' 사이의 값을 가지며, 일반적으로 0.01과 0.1 사이의 간격에 해당합니다.

Hebbian 학습 알고리즘은 다음과 같은 단계로 이루어집니다.

- 1 단계: 초기화(Initialization)

  초기 시냅스의 가중치와 임계값을 작은 무작위 값(random values)을 설정합니다. 예를 들어 [0, 1] 간격으로 설정합니다. 또한, 학습 속도 매개변수(learning rate parameter)와 망각 요소(forgetting factor)에 작은 양의 값을 할당합니다.

- 2 단계: 활성화(Activation)

  반복 p에서 뉴런 출력을 계산합니다.

$$y_j(p) = \sum_{i=1}^{p} x_i(p) w_{ij}(p) - \theta_j$$

  n은 뉴런 입력들의 수이고, θ_j는 뉴런 j의 임계값입니다.

- 3 단계: 학습(Learning)

$$w_{ij}(p+1) = w_{ij}(p) + \Delta w_{ij}(p)$$

네트워크 내의 가중치를 업데이트 합니다.

여기서 $\Delta w_{ij}(p)$는 반복 p에서의 가중치 보정입니다. 가중치 보정은 다음과 같은 활동 규칙에 의해 결정됩니다.

$$\Delta w_{ij}(p) = \phi y_j(p)\,[\lambda xi(p) - w_{ij}(p)]$$

- 4 단계: 반복(Interation)

반복 p를 1만큼 증가시키며, 2단계로 돌아갑니다. 시냅스 가중치가 정상 상태 값에 도달할 때까지 계속 진행합니다.

Hebbian 학습 사례를 소개하겠습니다. Hebbian 알고리즘의 학습을 설명하기 위해서는 5개의 뉴런으로 이루어진 단일 계층으로 완전히 연결된 네트워크를 고려해야 합니다. 각 뉴런들은 부호 활성화 기능이 있는 McCulloch 및 Pitts 모델로 표시됩니다.

그리고 이 네트워크는 다음과 같은 입력 벡터 집합에 일반화된 활동 규격으로 학습됩니다.

$$x_1 = \begin{bmatrix} 0 \\ 0 \\ 0 \\ 0 \\ 0 \end{bmatrix} \quad x_2 = \begin{bmatrix} 0 \\ 1 \\ 0 \\ 0 \\ 1 \end{bmatrix} \quad x_3 = \begin{bmatrix} 0 \\ 0 \\ 0 \\ 1 \\ 0 \end{bmatrix} \quad x_4 = \begin{bmatrix} 0 \\ 0 \\ 1 \\ 0 \\ 0 \end{bmatrix} \quad x_5 = \begin{bmatrix} 0 \\ 1 \\ 0 \\ 0 \\ 1 \end{bmatrix}$$

[그림 2-44] 입력 벡터 집합

다음은 초기 상태의 네트워크 상태와 최종 네트워크 상태를 나타냅니다.

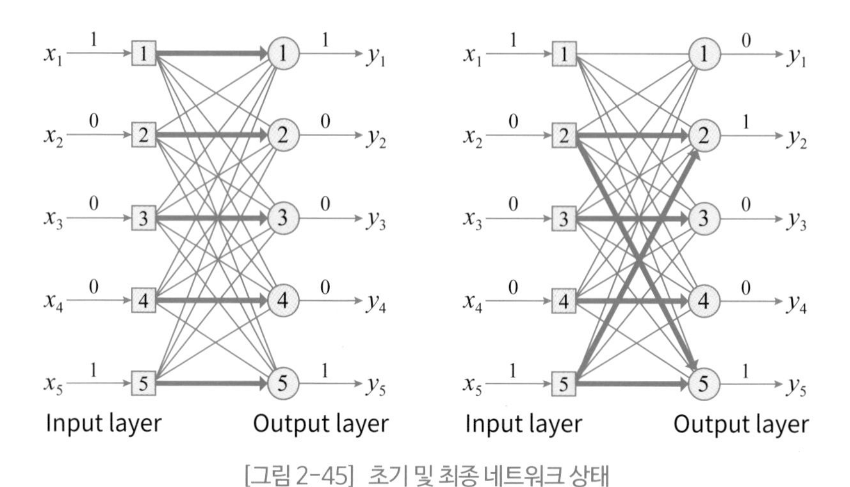

[그림 2-45] 초기 및 최종 네트워크 상태

다음은 초기 가중치 행렬과 최종 가중치 행렬을 나타냅니다.

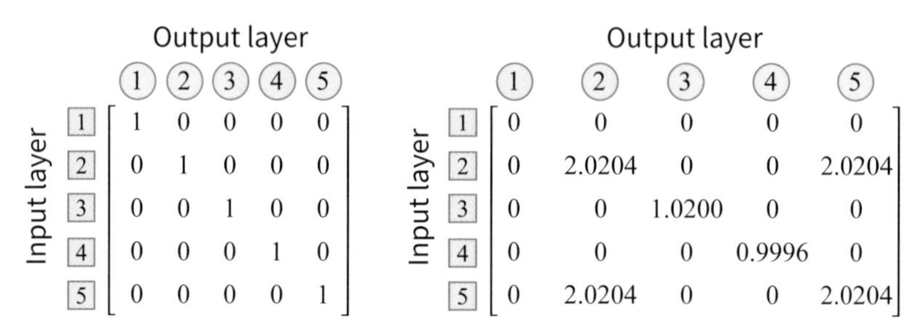

Input layer \ Output layer	1	2	3	4	5
1	1	0	0	0	0
2	0	1	0	0	0
3	0	0	1	0	0
4	0	0	0	1	0
5	0	0	0	0	1

Input layer \ Output layer	1	2	3	4	5
1	0	0	0	0	0
2	0	2.0204	0	0	2.0204
3	0	0	1.0200	0	0
4	0	0	0	0.9996	0
5	0	2.0204	0	0	2.0204

[그림 2-46] 초기 및 최종 가중치 행렬

그리고 테스트 입력 벡터를 정의하면 다음과 같습니다.

$$x = \begin{bmatrix} 1 \\ 0 \\ 0 \\ 0 \\ 1 \end{bmatrix}$$

[그림 2-47] 테스트 입력 벡터

테스트 입력 벡터가 인공 신경망에 제공되면 Hebbian 알고리즘을 통해 다음과 같은 값을 얻을 수 있습니다.

$$Y = sign(WX - \theta)$$

$$Y = sign\left\{ \begin{bmatrix} 0 & 0 & 0 & 0 & 0 \\ 0 & 2.0204 & 0 & 0 & 2.0204 \\ 0 & 0 & 1.0200 & 0 & 0 \\ 0 & 0 & 0 & 0.9996 & 0 \\ 0 & 2.0204 & 0 & 0 & 2.0204 \end{bmatrix} \begin{bmatrix} 1 \\ 0 \\ 0 \\ 0 \\ 1 \end{bmatrix} - \begin{bmatrix} 0.4940 \\ 0.2661 \\ 0.0907 \\ 0.9478 \\ 0.0737 \end{bmatrix} \right\} = \begin{bmatrix} 0 \\ 1 \\ 0 \\ 0 \\ 1 \end{bmatrix}$$

[그림 2-48] 5개의 뉴런을 대상으로 Hebbian 알고리즘 결과

인공 신경망에서 학습 중에 x_2와 x_5는 결합되었기 때문에 입력 x_2는 출력 y_2와 y_5를 연관시켰습니다. 그리고 입력 x_1을 출력 y_1과 더 이상 연관시킬 수 없습니다. 단일 입력 x_1이 트레이닝 도중에 나타나지 않았고 인공 신경망에서 인식 능력을 상실했습니다. 이렇듯 인공 신경망에서 비지도 학습 알고리즘인 Hebbian 알고리즘은 제시되는 자극을 통해 실제로 연관시키는 것을 학습할 수 있으며, 가장 중요한 것은 인공 신경망에서 답을 알려줄 수 있는 감독자가 없어도 학습할 수 있다는 것을 확인할 수 있습니다.

TensorFlow

2.3 강화 학습

2.3.1 강화 학습 모델

운전을 처음 배웠을 때를 생각해 보면,

"우측으로 가려면 핸들을 우측으로 각도 몇을 돌려야 하고, 액셀러레이터를 몇 초 동안 어느 무게로 밟고, 몇 초 후 브레이크를 어느 강도로 밟는다"

라고 하는 것과 같이, 음식 레시피와 같이 정확히 동작을 정하고 하지는 않습니다. 운전이라는 것은 어느 정도의 감으로 경험에 의해 핸들을 돌려보고 차가 너무 많이 회전하면 조금 덜 돌리는 식으로 운전을 하게 됩니다.

강화 학습은 이와 같이 어느 동작에 대해 피드백을 받아 그 피드백에 따라 동작을 결정하는 사람과 같은 방식으로 학습하는 방법입니다.

자동차 운전을 할 때 추월을 한다면 어떻게 해야 할 것인지를 살펴보면 다음과 같습니다.

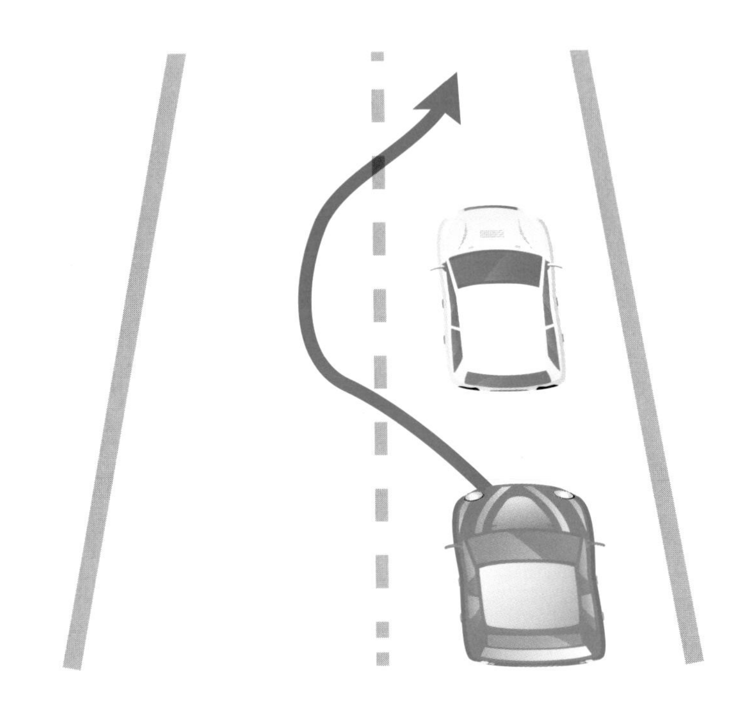

우선 추월 차선에 차가 오는지를 확인해야 합니다. 그리고 좌측을 핸들을 10도 돌리고 액셀러레이터를 밟고 100미터 전진 후, 우측으로 핸들 10도를 돌려서 다시 차선으로 복귀해야 합니다.

이와 같이 명확한 절차가 있다 하더라도 항상 그대로 따라서 할 수 있을지를 생각해 보면 그렇지 않습니다. 실제로 추월을 할 때는 추월 차선에 차가 적절한 거리에 있는지 없는지를 확인하고, 경험에 의해 안전하다 느껴지는 속도로 진행하여 경험에 의한 방향으로 추월을 수행하게 됩니다.

이와 같이 강화 학습은 어떠한 공식이 있는 것이 아닌, 경험에 의해 가장 안정적인 방법으로 추월하는 것과 같이 명확한 모델을 만들지 않고 행동 상황에 따른 피드백의 내용을 모두 정리하여 학습하는 방법입니다.

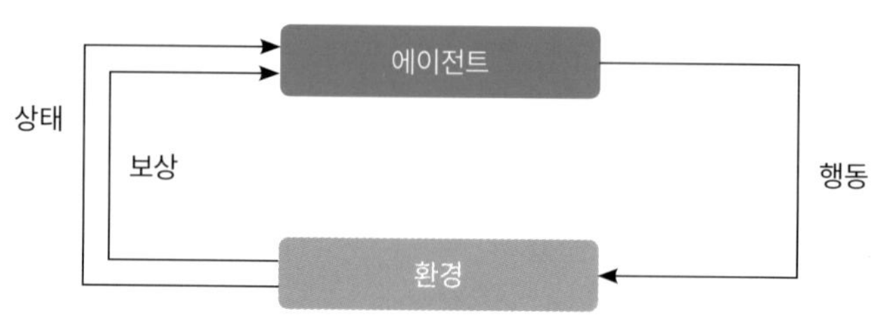

[그림 2-49] 강화 학습의 기본 원리

강화 학습은 학습에 의해 답이 정해지는 것이 아니라, 모르는 환경에서 보상값이 최대가 되도록 행동하는 것입니다.

[표 2-9] 학습 방법에 대한 비교

학습 방법	설명
지도 학습	정답(목적값)을 알 수 있어서 바로바로 피드백을 받으면서 학습
비지도 학습	정답이 없는 것으로, 값의 특성을 파악하여 분류하는 학습 방법
강화 학습	- 정답은 모르지만, 행동에 대한 보상을 알 수 있음 - 그 보상으로부터 최대의 보상을 받는 방법으로 학습

강화 학습에서 시행착오적 탐색은 환경과의 상호작용으로 학습하는 것입니다. 이는 해보지 않고 예측하지 않는다는 기본 개념에서 출발한 것으로 무엇인가를 수행하면서 조정을 수행하게 됩니다.

예를 들면 "공부를 열심히 하면 엄마가 용돈을 준다. 대회에서 1등을 하면 상금을 준다"와 같은 일상생활에서의 보상 때문에 열심히 공부를 하는 것과 같이 컴퓨터도 보상 점수를 최대화하게 하면 그에 맞게 학습을 하게 되는 것 입니다. 따라서 기존의 보상값에 따라 앞으로의 행동을 결정하게 됩니다.

지연 보상은 시간의 개념이 포함된 것으로, 시간의 순서가 있는 문제를 풀어내는 방법입니다. 이는 다음의 세 가지로 요약할 수 있습니다.

- 지금의 행동이 바로 보상으로 이어질 것인가?
- 지금의 행동이 향후 더 큰 보상으로 이어질 것인가?
- 다른 행동과 합해져서 더 큰 보상이 될 것인가?

이와 같이 시간에 따른 보상이 다를 것을 감안하여 행동을 결정하게 됩니다.

2.3.2 강화 학습 역사

시행착오적 탐색은 강화 학습의 중요한 특징으로 동물의 행동에 대한 심리학 연구에서 출발하였습니다. 스키너의 상자 실험이라는 것이 그 연구이며, 이를 기초로 하여 강화 학습이라는 것이 머신러닝에서 적용되게 되었습니다.

스키너 상자 실험
- 굶긴 비둘기를 상자에 넣음 - 한쪽의 원판을 쪼면 먹이통에 먹이가 나오게 설치 - 비둘기는 다양한 행동을 함 - 우연히 원판을 쪼게 되면 먹이가 나오는 것을 알게 됨 - 그 이후에는 비둘기는 원판을 쪼는 반응을 계속하여 먹이를 먹게 됨

최적 제어 방법은 1950년대부터 사용한 방법으로, 어떠한 비용 함수의 비용을 최소화하도록 컨트롤러를 디자인한 것입니다.

그 대표적인 활용 예로는 구글에서 강화 학습을 사용하여 전기요금을 획기적으로 줄인 연구가 있으며, 이는 최적 제어 방법으로 강화 학습을 활용한 것입니다.

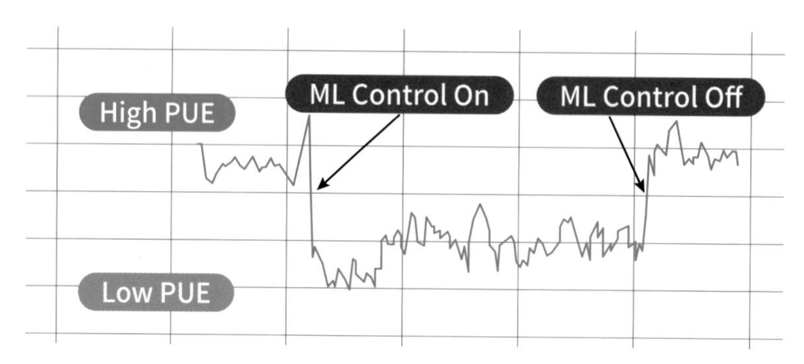

[그림 2-50] 강화 학습을 활용하여 구글 데이터센터의 전기료 절감 사례

2.3.3 강화 학습 수행

강화 학습은 MDP(Markov Decision Process)라는 절차에 의해 수행이 됩니다. 이제부터는 실제로 강화 학습이 어떻게 수행되는지 알아보도록 하겠습니다.

MDP의 개념은 로봇이 사물을 바라보는 관점을 예로 들어 알아볼 수 있습니다.

[그림 2-51] 로봇이 세상을 바라보고 이해하는 관점

그림과 같이 로봇은 정면의 사물을 보고 다양한 상황을 확인하게 됩니다.

위 상황을 보면, 로봇은 불이나 장애물, 보석 등이 나타나 있는 상태를 판단하게 되고 단순히 이것만 알 뿐, 불이 위험하다 또는 가면 안 된다는 것을 판단하지는 못합니다. 따라서 정답이 어딘지는 모르며, 보상 경험을 통해 보석을 향해 이동해야 합니다.

MDP는 이 상황에서 로봇이 보석을 얻기 위해 어떻게 해야 할지 학습하는 것을 이야기합니다. 이러한 MDP는 다음과 같은 상태로 구성이 되어 있습니다.

- State: 로봇의 위치
- Action: 앞, 뒤, 좌, 우로 이동하는 행동
- Reward: 로봇이 가지려는 보석

이러한 상황에서 MDP는 다음과 같이 다양한 파라미터로 정의를 하게 되며, 이 값에 의해 실제 로봇이 강화 학습을 수행하게 됩니다.

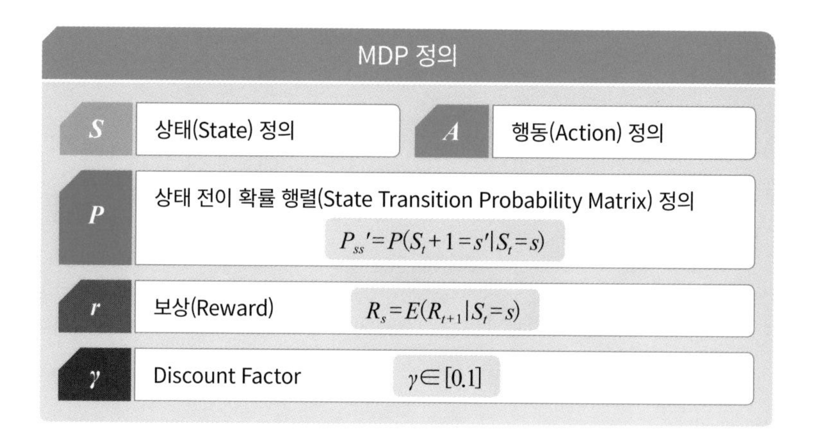

본격적으로 MDP를 수행하는 절차에 대해 알아보면, 우선 State값을 확인해야 합니다. State는 Agent인 로봇이 인식하는 자신의 상태라고 볼 수 있습니다. 그 예를 살펴보면 다음과 같습니다.

- 현재 내 차는 세단이다.
- 사람이 3명 타고 있다.
- 지금 100km/h로 달리고 있다.

위와 같은 State에서 이제 본격적으로 동작을 하기 위해서는 Action 단계로 이동해야 합니다. Action을 위한 예로, 서울에서 부산을 운전해서 가야 한다면 어떻게 할지 생각을 해 보도록 하겠습니다.

- 서울에서 부산을 가는 방법을 수행하기 위해, 고속도로를 진입하는 방법은 어떻게 해야 할 것인가?
- 오른쪽 길로 가야 할까?
- 왼쪽 길로 가야 할까?

이와 같이 다양한 판단을 해야 하므로 사람의 뇌와 같은 역할을 Action에서 수행하게 됩니다. 따라서 Action을 취함으로써 State가 변화한다는 연관 관계를 알아낼 수 있습니다.

이것을 로봇에서는 Controller라 부르게 됩니다.

Action까지 준비가 되었으면 이제는 상태 전이 확률 행렬을 통해 움직이게 되면 위치가 변하는 것을 체크하게 됩니다. 만약 어떠한 외부의 요인에 의해 왼쪽으로 가라고 지시했으나 실제 오른쪽으로 가 버린다면 위치가 변하게 되는 것입니다.

그 예로 술이 취해서 내 생각에는 왼쪽으로 가려 했으나 몸이 오른쪽으로 가 버린 것과 같은 경우입니다. 따라서 어떠한 Action을 취했을 때 State가 정확할 수 없고, 확률적으로 정해지게 되는 것입니다. 이러한 것이 일종의 Noise가 될 수도 있습니다.

이러한 Action을 취했을 때, 그것에 따른 Reward를 알려줌으로써 정상적으로 동작이 수행되도록 하는 방법을 보상(Reward)이라고 합니다.

바둑 게임을 예로 들면, 바둑을 놓았을 때 그것을 승 또는 패로 알려주는 것입니다. 만약 S라는 state에 있을 때 a라는 Action을 취하면 얻을 수 있는 Reward를 계산한다면 다음과 같은 식으로 표현할 수 있습니다.

$$R_s^a = E(R_{t+1} | S_t = s, A_t = a)$$

Action이 수행되면 즉각적으로 그에 대한 보상을 해 주어야 하는 Immediate Reward와 나중에 보상을 수행하는 방법이 있습니다.

이는 '지금 당장 배고픈 것을 채울 것인가? 내일 배고플 것을 대비해서 아낄 것인가?'와 같은 생각이라고 할 수 있습니다.

이렇게 시간에 따라 가치를 다르게 하는 Discount Factor라는 것이 있습니다.

- 시간에 따라서 Reward의 가치가 달라지는 것을 표현
- 0 ~ 1 사이의 값으로 표현

  0 에 가까우면 근시안적인 것

  1 에 가까우면 미래지향적인 것

강화 학습이 제대로 수행되기 위해서는 Policy가 가장 잘 결정되어야 합니다. 여기서 Policy는 단어 뜻 그대로 정책을 의미합니다. 어떠한 상태에 도착하였을 때 다음 행동을 결정해야 하는 것으로, 어떤 상태에서 어떤 행동을 할지 결정하는 것을 Policy라고 합니다.

결국, 강화 학습은 최적의 Policy를 찾도록 하는 것이 목적이며, 누적 보상을 최대화할 수 있도록 Policy를 찾아야 합니다.

다음으로는 Value Function에 대해 알아보도록 하겠습니다.

Value Function에는 State-value Function과 Action-value Function이 있습니다. 우선 State-value Function은 어떠한 상태 S에 대한 가치를 판단하는 것입니다.

이는 다음으로 이동할 수 있는 상태들의 가치를 보고, 높은 가치의 상태로 이동하는 것이며 이동할 상태의 value function이 매우 중요하게 됩니다.

여기에서 효율적으로 정확한 value function을 구하는 것이 가장 중요한 문제가 되는데 이를 위한 조건은 다음과 같습니다.

- 치우치지 않게
- 변화가 적게
- True 값에 가깝게
- 효율적으로 빠른 시간 안에 수렴

다음으로 Action-value Function은 다음 상태로 가기 위해서는 어떻게 해야 하는지를 알아내는 것입니다. 예를 들면 바람이 분다면 화살을 평소보다 조금 더 왼쪽으로 쏴야 하는 것과 같은 것입니다.

어떠한 상태 s에서 행동 a를 취할 경우 받을 수 있는 기댓값이므로, 어떤 행동을 했을 때 얼마나 좋을 것인가를 판단하는 것입니다. 다른 말로는 Q-value라고 불리기도 하는데, 이는 Q-Learning이나 Deep Q-network에서 사용되는 Q의 의미이기도 합니다.

2.3.4 인공 신경망

강화 학습은 컴퓨터 스스로 학습을 통해 그 보상값에 의해 스스로 해결 방법을 찾아가는 방법입니다. 어린 아이가 아무것도 알려주지 않아도 스스로 걸음마를 떼고 말을 하는 것과 같이 인간이 학습하는 과정을 컴퓨터도 같은 방법으로 스스로 하도록 할 수 없을까? 하는 기본적인 생각에서 발전되어온 방법입니다.

인공 신경망 방법을 알기에 앞서 우선 신경망에 대해 알아보면 다음과 같습니다.

- 인간의 뇌 구조
- 신경세포(Neuron): 정보처리의 단위
- 여러 개의 신경세포를 병렬 처리함으로써 인간은 빠르게 기능을 수행함
- 복잡하고 비선형적이고 병력적인 처리가 가능함

이와 같이 인간의 신경망의 구성을 파악하고 이와 비슷하게 구성을 한다면 인간과 같이 스스로 학습을 할 수 있을 것이라는 생각에서 발전한 것이 인공 신경망입니다. 인공 신경망은 인간의 뇌를 부분적으로 흉내 내어 동작을 수행하도록 만들어진 방법입니다.

인공 신경망에서는 신경망에서 신경세포를 노드로 칭하고, 시냅스가 가중치가 되도록 모델링하게 됩니다.

아래의 표에서는 이러한 신경망과 인공 신경망의 역할에 대해서 보여 주고 있습니다.

[표 2-10] 신경망과 인공 신경망의 역할 비교

신경망	인공신경망
세포체(Neuron)	노드(Node)
수상돌기(Dendrite)	입력(Input)
축삭(Axon)	출력(Output)
T시냅스(Synaps)	가중치(Weight)

인공 신경망은 사람의 신경망을 단순화하여 만든 것으로 가중치가 있는 링크들의 연결로 이루어져 있습니다.

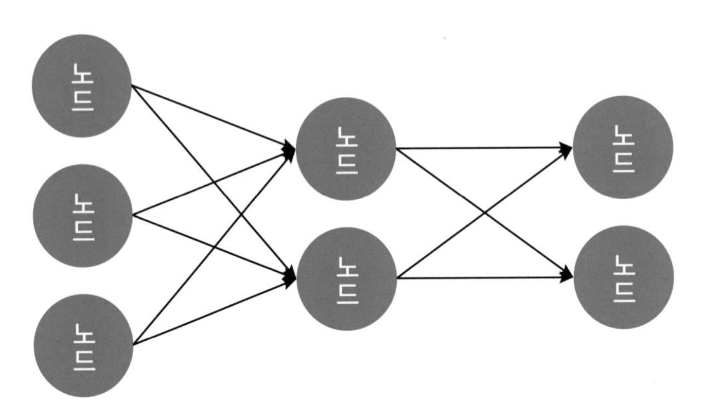

[그림 2-52] 인공 신경망의 노드 구성

인공 신경망은 각 신호값을 가중치와 곱한 값들의 합을 뉴런이 가지는 한계치와 비교하고, 한계치를 넘어서면 1, 넘지 않으면 -1을 다음 노드로 전달하는 방법으로 모델링을 수행합니다.

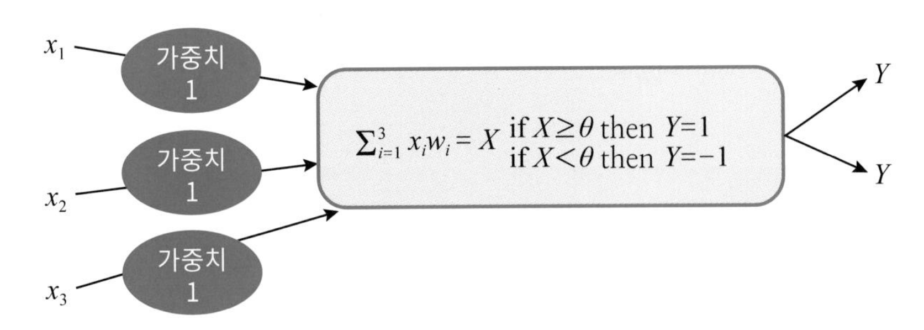

[그림 2-53] 인공 신경망 가중치의 예

이러한 인공 신경망은 반복적인 조정으로 학습을 실시하여 그 결과가 정확해 질 수 있도록 합니다.

인공 신경망에서 활성화 함수는 결괏값을 내보낼 때 사용하는 함수로, 전이 함수라고도 불립니다. 함수의 종류로는 계단 함수, 부호 함수, 시그모이드 함수, 선형 함수, 쌍곡 탄젠트 함수가 있습니다.

계단 함수는 한계치를 넘으면 1을 출력하고, 한계치를 넘지 않으면 0을 출력하여 주는 함수이며, 부호 함수는 한계치를 넘으면 1을 출력, 한계치를 넘지 않으면 -1을 출력하여 주는 것으로 한계치를 넘지 않을 때의 결괏값이 0 또는 -1로 다른 차이가 있습니다.

시그모이드 함수는 X에 따라 Y값을 계산하는 것으로, Y는 0에서 1사이의 값을 가지는 함수 형태입니다. 그리고 선형 함수는 $Y=X$ 인 것으로, 크게 의미가 없이 존재하는 함수입니다.

쌍곡 탄젠트 함수는 시그모이드 함수를 변형하여 값을 $-k$ 에서 k 사이로 바꾼 함수로 k는 a,b 값에 따라 변하게 됩니다. 시그모이드 함수보다 빠른 학습을 위해 사용하며 그 식은 다음과 같이 표현합니다.

$$y=\frac{2a}{1+e^{-bx}}-a$$

활성화 함수는 주로 시그모이드 함수와 쌍곡 탄젠트 함수를 많이 사용하게 되며, 가중치 값을 학습할 때 에러가 적게 나도록 도와주는 역할을 합니다.

인공 신경망을 수행하기 위해서는 퍼셉트론에 대해 이해를 해야 합니다. 퍼셉트론은 계단 함수 또는 부호 함수를 사용하여 만들어진 단순한 신경세포로서 퍼셉트론에서는 초평면과 선형 분리 개념이 적용됩니다.

- 초평면: N 차원 공간을 두 개의 영역으로 나눈 평면
- 선형 분리: 값의 분포를 2개로 나뉘는 평면이 존재하면 선형 분리 가능

이러한 선형 분리가 가능해야지만 퍼셉트론으로 표현이 가능하기 때문에 선형 분리가 가능하도록 수행을 해야 합니다.

모든 선이 초평면이면 퍼셉트론으로 계산이 가능하게 됩니다. 그림에서 보는 바와 같이 AND 연산의 경우, 하나의 초평면을 기준으로 모든 값이 선형 분리가 가능하므로 퍼셉트론으로 계산이 가능하게 됩니다.

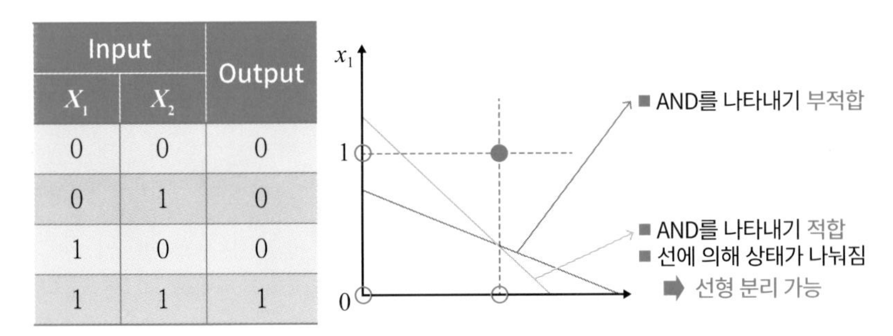

Input		Output
X_1	X_2	
0	0	0
0	1	0
1	0	0
1	1	1

[그림 2-54] AND 연산의 선형 분리의 예

그러나 XOR 연산을 예로 들면 어떠한 초평면을 만들려고 하여도 XOR을 만족할 수 없으며 선형 분리가 불가능하게 됩니다. 따라서 이러한 경우에는 퍼셉트론으로 계산이 불가능한 상태가 됩니다.

Input		Output
X_1	X_2	
0	0	0
0	1	1
1	0	1
1	1	0

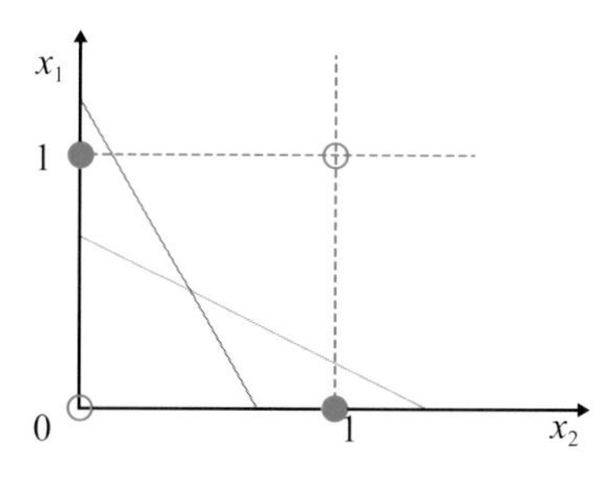

[그림 2-55] XOR 연산의 선형 분리 불가능의 예

퍼셉트론은 오차율을 계산하고 입력값의 비율만큼 가중치 값을 조정한 후, 에러가 발생하면 종료를 하게 됩니다. 만약 에러가 발생하지 않는다면 다시 값을 산출하는 절차에 의해 퍼셉트론이 수행됩니다.

퍼셉트론은 첫 번째 단계로 초기 가중치 값(θ)과 임계값(W)을 임의로 부여하여 두 값 모두 -0.5에서 0.5의 범위로 구성됩니다. 또한, P 값은 1이 되고 설정한 학습 룰을 저장하게 됩니다.

다음으로 활성화 함수와 가중치 값을 이용하여 $Y(P)$값을 산출하게 됩니다.

$$Y(P) = step[\sum_{i=1}^{n} x_i(p)w_i(p) - \theta]$$

그 후에는 가중치 보정을 통해 에러가 발생하지 않으면 다음 단계로 이동하게 됩니다.

$$e(p) = Yd(p) - Y(p)$$
$$w_i(p+1) = w_i(p) + \alpha * x_i(p) * e(p)$$

마지막 단계에서, 에러가 발생하지 않으면 종료가 되고, 하나라도 에러가 있으면 두 번째의 단계로 돌아가서 계속 반복을 수행하게 됩니다.

퍼셉트론은 선형 분리가 불가능한 경우에는 사용할 수 없는 한계가 있으며, 이러한 한계를 해결하기 위해 다층 피드 포워드 신경망이라는 기술이 있습니다.

다층 피드 포워드 신경망은 Layered Feed-Forward Neural Network의 약자로 LFF라고도 불리우며, 퍼셉트론에서 선형 분리가 불가능한 경우 사용할 수 없는 한계점을 해결한 방법입니다.

LFF는 여러 개의 직선으로 층을 나누어서 이러한 문제를 해결하였습니다.

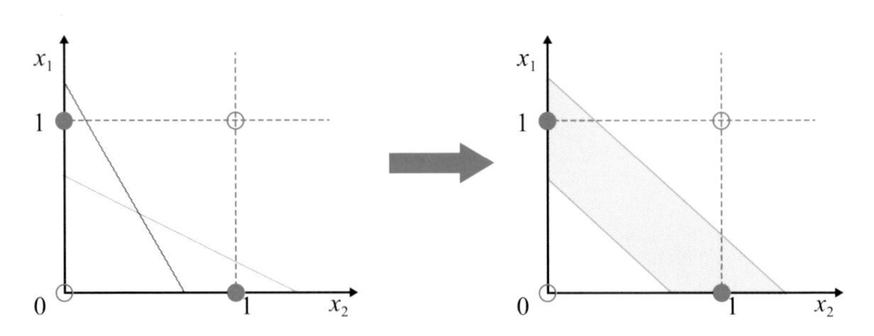

[그림 2-56] 퍼셉트론에서와 LFF에서의 XOR 연산 비교

그림에서 보는 바와 같이 퍼셉트론에서는 선형 분리가 불가능했던 부분을 다층 피드 포워드 신경망에서는 여러 개의 직선으로 층을 나누어 해결하여 분리가 가능하게 만들었습니다.

인공 신경망은 인간의 신경망을 그대로 만들어서 인간과 최대한 비슷하게 스스로 학습할 수 있도록 하는 데 초점을 두어 개발한 방식입니다. 이러한 인공 신경망의 값은 쓸만한 수준으로 나타나는 것이지 절대 유일하거나 완벽한 값은 아니기 때문에 많은 실험과 반복을 통해 최적화가 필요하기 때문에, 최적화 작업이 학습 성능을 결정하는 데 가장 큰 요소가 됩니다.

CHAPTER 3

인공지능 프레임워크 및 라이브러리

인공지능(AI, Artificial Intelligence)은 컴퓨터가 인간처럼 학습하고 모방하여 스스로 판단할 수 있는 지능을 가지게 되는 컴퓨터공학 및 정보기술 분야를 말합니다. 앞에서 우리는 생활 속에 인공지능의 사례와 인공지능 기술 및 알고리즘에 대하여 살펴보았습니다. 이번 장에서는 인공지능을 구현할 수 있는 도구를 알아보도록 하겠습니다.

TensorFlow

3.1 프레임워크와 라이브러리란

인공지능 라이브러리, 머신러닝 라이브러리(Library)라고도 부르는 도구를 인공지능 프레임워크(Framework)라고 말합니다.

프레임워크는 뼈대나 기반 구조를 의미하며 소프트웨어 프레임워크(Software framework)는 복잡한 문제를 해결하거나 서술하는데 사용되는 기본 개념 구조(위키백과: https://ko.wikipedia.org/wiki/소프트웨어_프레임워크)입니다. 특정 문제를 해결하기 위한 클래스와 인터페이스의 집합이라고 할 수 있습니다. 특정 개념들의 추상화를 통하여 제공하는 여러 클래스나 컴포넌트로 구성되어 있으며 컴포넌트들은 재사용이 가능합니다.

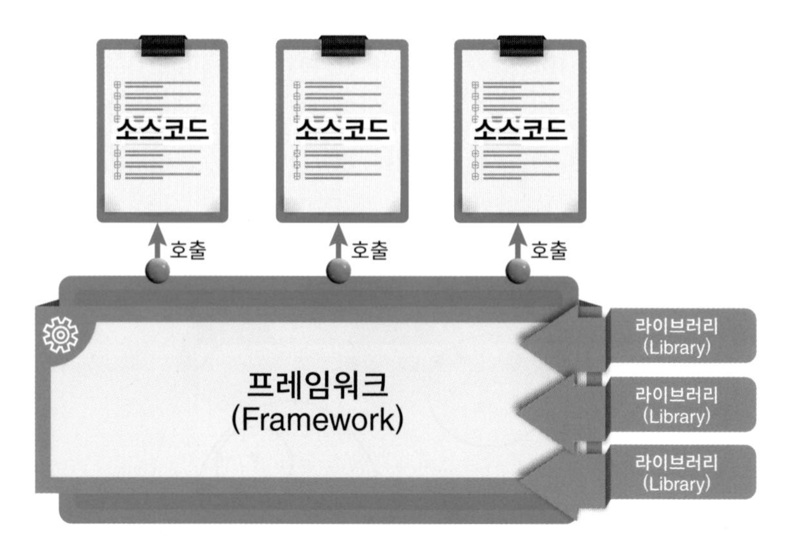

[그림 3-1] 프레임워크

라이브러리는 컴퓨터 프로그램이 사용하는 비휘발성 자원의 모임(위키백과: https://ko.wikipedia.org/wiki/라이브러리_컴퓨팅)입니다. 미리 작성된 소스코드, 서브루틴(함수), 클래스, 값, 자료형 사양 등을 포함합니다. 즉 단순 활용 가능한 도구들의 집합으로서 개발자가 만든 클래스에서 호출하여 사용합니다.

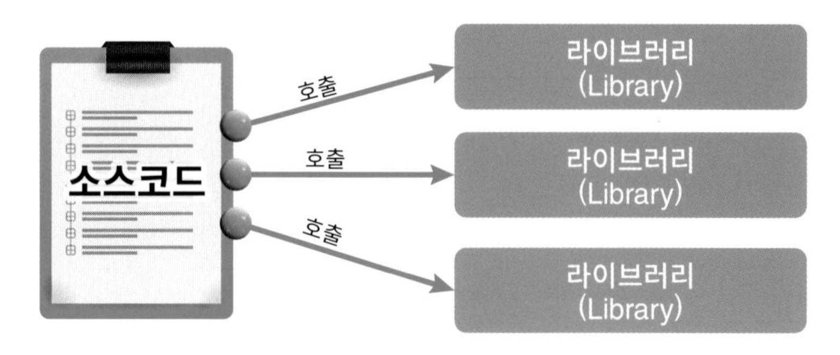

[그림 3-2] 라이브러리

프레임워크와 라이브러리의 차이점은 프로그램의 흐름을 누가 제어하느냐가 차이점입니다. 프레임워크는 전체적인 흐름을 직접 제어하고 사용자는 필요한 소스코드를 만들어서 추가합니다. 그러나 라이브러리는 사용자가 전체적인 흐름을 만들어 나가면서 소스코드를 작성하며 필요한 부분에서 라이브러리를 가져다가 쓰게 됩니다.

TensorFlow

3.2 인공지능 발전

4차 산업혁명과 함께 더불어 인공지능에 대한 관심은 높아지고 있습니다. 인공지능이라는 학문은 어떻게 발전하게 되었는지 알아보도록 하겠습니다.

인공지능은 최근에 만들어진 학문은 아닙니다. 인공지능에 대한 관심은 1940년대 후반부터 시작되었습니다. 수학, 철학, 공학, 경제 등 다양한 영역의 과학자들은 인공적인 두뇌의 가능성을 논의하기 시작하였습니다. 그 이후 1956년에 이르러 인공지능이 학문 분야로 자리 잡았습니다(위키백과: https://ko.wikipedia.org/wiki/인공지능).

1950년 영국의 수학자 앨런 튜링은 계산 기계와 지능(Computing Machinery and Intelligence: https://www.csee.umbc.edu/courses/471/papers/turing.pdf) 논문에서 기계가 생각할 수 있는지 테스트 하는 방법 및 지능적 기계의 개발 가능성, 학습하는 기계 등에 대하여 언급하였습니다. 이 기술을 현실화한 튜링 기계(위키백과: https://ko.wikipedia.org/wiki/튜링_기계)는 존 폰노이만 교수에게 영향을 주어 현대 컴퓨터 구조의 표준이 되었으며 이것을 인공지능 역사의 시작으로 말할 수 있습니다. 또한, 미국의 신경외과의 워렌 맥컬록(Warren Mc Cullonch)과 논리학자 월터피츠(Walter Pitts)가 전기 스위치처럼 On/Off 하는 기초 기능의 인공신경을 그물망 형태로 연결하면 사람의 뇌에서 동작하는 간단한 기능을 흉내 낼 수 있다는 것을 이론적으로 증명하였습니다. 1958년 코넬대 심리학자 프랭크 로센블래트은 퍼셉트론(Perceptron: 인공신경뉴런)을 탄생시켰습니다.

1950년대까지 신경망 기반 인공지능 연구가 활발하게 진행되었습니다. 그러나 1969년 마빈 민스키와 세이무어 페퍼트는 퍼셉트론은 AND, OR 같은 선형 분리가 가능한 문제는 가능하지만 XOR 문제는 적용할 수 없다는 것을 수학적으로 증명하여 미국 국방부는 인공지능 연구 자금을 중단하게 되었으며, 1970년대에 이르자 인공지능 과학자들은 복잡한 문제를 해결하는 데 실패를 하게 되어 연구 자금이 중단되어 인공지능의 첫번째 암흑기가 찾아 왔습니다.

1980년대에 들어서 다시 한번 인공지능 연구가 활발해지기 시작하였습니다. 산업계 전문가 시스템이 도입되면서 이 당시에 추론 엔진 기술은 베이즈(Bayes) 기반 확률적 방법과 또 다른 접근법으로 0과 1사이에도 여러 가지 값을 가질 수 있는 퍼지(Fuzzy) 이론을 통해 다중값 논리 방법을 이용하는 방법이 활용되었습니다. 전문가 시스템을 이용하여 미국의 500대 기업 절반이상이 도입하게 되었습니다. 그러나 방대한 관리 방안과 투자 대비 효용성의 한계가 나타나게 되어지면서 다시 한번 인공지능 연구는 두 번째 암흑기가 시작되었습니다.

전문가 시스템(위키백과: https://ko.wikipedia.org/wiki/전문가_시스템)

전문가 시스템은 생성 시스템의 하나로서, 인공지능 기술의 응용 분야 중에서 가장 활발하게 응용되어지고 있는 분야입니다. 즉 인간이 특정 분야에 대하여 가지고 있는 전문적인 지식을 정리하고 표한하여 컴퓨터에 기억시킴으로써, 일반인도 이 전문지식을 이용할 수 있도록 하는 시스템입니다. 의료 진단 시스템, 설계 시스템 등이 있습니다.

1982년 물리학자 존 홉필드(John Hopfield)는 완벽한 새로운 길에서 정보를 프로세스하고 배울수 있는 신경망 형태를 증명했습니다. 데이비드 룸멜허트(David Rumelhart)는 역전파라고 불리는 신경망을 개선하기 위한 새로운 방법을 알렸고 이러한 활동들은 1970년 이후 버려진 신경망 이론이라는 분야를 다시 활성화시켰습니다. 새로운 분야는 1986년 분산 병렬 처리의 형태로부터 영감을 받았으며 이와 같은 형태로 통일되었습니다. 신경망은 1990년대에 광학 문자 인식 및 음성 인식과 같은 프로그램의 구동 엔진으로 사용되며 상업적으로 성공하게 되었습니다.

1993년 이후로 인공지능은 기술 산업에 걸쳐 뒷받침해 주는 역할을 하였지만 성공적으로 사용되었습니다. 인공지능 기술을 활용하기 위해서는 컴퓨팅 파워(CPU 처리속도, 메모리 등)가 뒷받침되어 주어야 했습니다. 1980년대 후반부터 애플이나 IBM 데스크톱 컴퓨터들의 연산 처리 속도가 급격히 빨라지고 성능이 좋아지기 시작하면서 인공지능 분야는 다시 한번 발전하기 시작하였습니다. 1994년 체커스 게임에서 사람과 기계의 대결이 이루어졌고, 최근 우리나라 이세돌과 알파고의 경기로 사람들에게 인공지능 학문이 좀 더 대중화되었습니다.

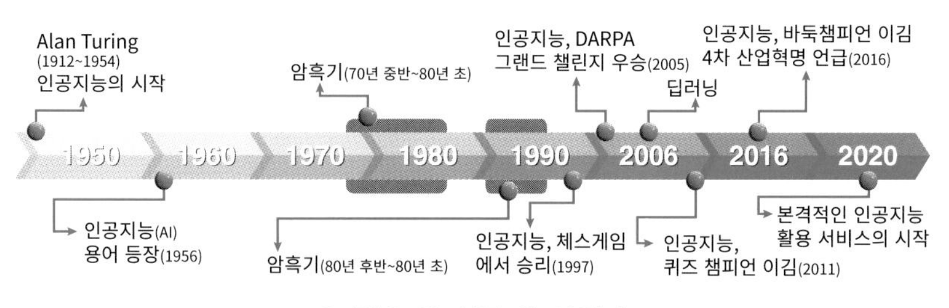

[그림 3-3] 인공지능의 역사

2020년이 지나면서 인공지능 기술은 본격적으로 다양한 서비스와 결합하여 제공되고 있습니다. 그 예로, 자동차에서 단순 속도만 유지하는것이 아닌 앞 차와의 거리나 교통상황을 파악하여 어느정도 스스로 운전을 해주는 기능은 대부분의 자동차에 기본 탑재되고 있습니다. 또한 데이터가 축적된 다양한 서비스에서 인공지능을 활용하여 고객의 이동환경을 예측하여 콜 택시의 배차를 지능적으로 수행하는 등 다양한 분야에서 인공지능 활용 서비스가 활성화 되고 있습니다. 이를 통해 본격적으로 2020년 부터 인공지능의 시대가 되었다고 할 수 있습니다.

TensorFlow

3.3 인공지능 프레임워크

인공지능 프레임워크는 현재 다양한 종류가 있습니다. theano, Caffe, DL4J, Keras, Torch, MxNet, CNTK, 페이스북과 NVidia가 협력한 딥러닝 프레임워크 caffe의 새로운 버전인 caffe2를 2017년 4월에 발표하였습니다.

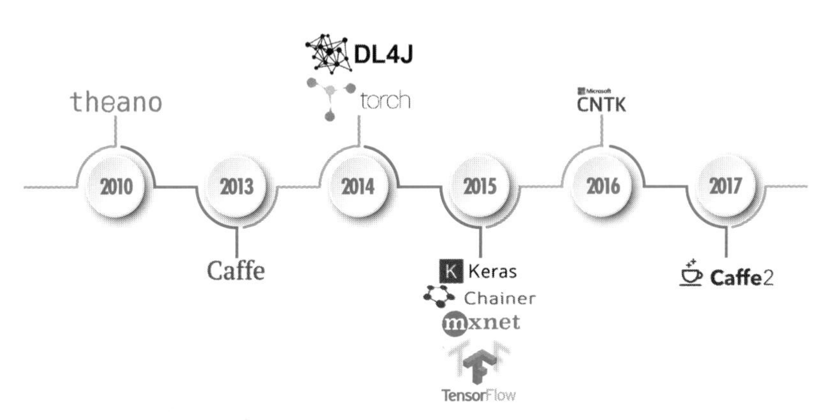

[그림 3-4] 인공지능 프레임워크 공개 시기

theano는 최초의 인공지능 프레임워크로서 수식 및 행렬 연산을 쉽게 만들어 주는 파이썬 라이브러리로 딥러닝 알고리즘을 파이썬으로 쉽게 구현할 수 있도록 합니다.

2013년에는 caffe는 야후에서 공개한 프레임워크로서 야후 플리커에 적용되습니다.
2014년 DL4J(DEEPLEARNING4J)와 torch가 등장하였습니다. DL4J는 자바로 개발된 프레임워크이며 분산 딥러닝 플랫폼으로 널리 사용됩니다. Torch는 미국 뉴욕대학교에서 만들어졌으며 페이스북이 확장시킨 프레임워크로서 스크립트 언어인 Lua(https://www.lua.org/) 기반의 프레임워크로서 페이스북, 트위터, 구글 등 사용하고 개발되었습니다.

2015년에는 Keras, Chainer, mxnet, TensorFlow가 소개되었습니다. Keras와 TensorFlow는 구글에서 공개한 프레임워크로서 현재 가장 인기 있는 인공지능 프레임워크로 자리 잡고 있습니다. Keras는 theano와 TensorFlow처럼 직접 라이브러리를 이용하여 직접 모델을 만드는 어려운 문제를 해결하기 위해 단순화된 인터페이스로 개발되었습니다. MxNet는 R, python, C++, Julia 와 같은 언어를 지원하는 프레임워크로서 현재 AWS(Amazon Web Service Apache MxNet: https://aws.amazon.com/ko/mxnet/)에서 추천하는 프레임워크입니다. Chainer는 일본에서 만들어진 프레임워크지만 같은 해에 소개된 TensorFlow 의 인기에 가려졌습니다.

2016년에는 마이크로소프트에서 공개한 CNTK(Microsoft Cognitive Toolkit) 프레임워크는 DNN, CNN, 회귀 등의 알고리즘이 포함되어 있으며 C++ 기반에 python API를 제공하며 GAN(Generative Adversarial Networks)를 쉽게 구현할 수 있습니다. 높은 확장을 고려하여 설계되었습니다.

2017년 NVidia와 페이스북이 공개한 새로운 인공지능 프레임워크 Caffe2가 공개되었습니다. 대규모 분산 트레이닝 시나리오를 구성하고 사용자 디바이스용 머신러닝 애플리케이션을 개발할 수 있습니다.

3.3.1 TensorFlow

TensorFlow(공식 홈페이지: https://www.tensorflow.org/)는 구글 브레인팀에서 2015년 11월에 공개한 인공지능 프레임워크로 DistBelief를 개선하여 TensorFlow를 오픈소스로 공개되었습니다.

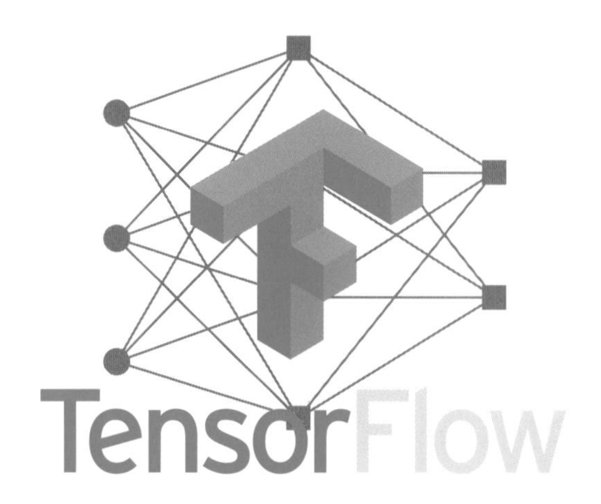

[그림 3-5] TensorFlow

구글은 theano를 대체하고자 TensorFlow를 만들었습니다. 안드로이드와 iOS 같은 모바일 환경(TensorFlow Lite: https://www.tensorflow.org/lite/)을 지원하고 64비트 리눅스, macOS의 데스크톱, Windows OS를 지원합니다.

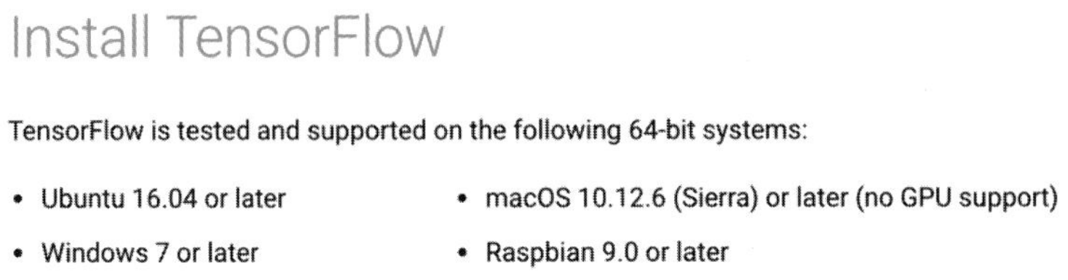

Install TensorFlow

TensorFlow is tested and supported on the following 64-bit systems:

- Ubuntu 16.04 or later
- Windows 7 or later
- macOS 10.12.6 (Sierra) or later (no GPU support)
- Raspbian 9.0 or later

[그림 3-6] TensorFlow 설치 가능 환경

CPU, GPU 모드에서 코드 수정 없이 모두 연산을 수행할 수 있으며 GPU에서는 CUDA 확장 기능을 사용하여 구동할 수 있습니다. 머신러닝을 통하여 많은 데이터를 학습하기 위해서 연산 시간이 오래 걸립니다. CPU를 이용하여 많은 양의 데이터를 처리하는 것보다 GPU를 이용하여 연산 시간을 단축시키는 것이 좀 더 효율적입니다. CPU와 GPU의 성능 비교를 위하여 MNIST 셋의 CNN(Convolution Neural Network)을 이용한 손글씨 학습을 실행하였을 때 대략 CPU보다 GPU를 활용하여 연산을 할 경우 3배 이상의 속도로 딥러닝 성능이 향상되었습니다.

C, C++ 엔진에 python API로 작성되어 빠른 실행이 가능합니다. 인터페이스로는 python, c, c++, java, go,R Julia, Swift를 사용할 수 있습니다. OpenMP는 사용할 수 없으나 OpenCL(https://github.com/hughperkins/tf-coriander)을 이용할 수 있게 계속 개발 중입니다.

OpenMP(Open Multi-Processing: https://ko.wikipedia.org/wiki/OpenMP)

공유 메모리 다중 처리 프로그래밍 API로 병렬 프로그래밍의 하이브리드 모델로 작성된 응용 프로그램은 OpenMP와 메시지 전달 인터페이스를 둘다 사용하거나, 더 투명성 있는 방식으로 비공유 메모리 시스템을 위한 OpenMP 확장을 사용하여 컴퓨터 클러스터상에서 구동할 수 있습니다.

OpenCL(Open Computing Language: https://ko.wikipedia.org/wiki/OpenCL)

개방형 범용 병렬 컴퓨팅 프레임워크입니다. CPU, GPU, DSP 등의 프로세서로 이루어진 이종 플랫폼에서 실행되는 프로그램을 작성할 수 있게 해주며, 작업 기반(task-based) 및 데이터 기반(data-based) 병렬 컴퓨팅을 제공합니다.

TensorBoard(https://www.tensorflow.org/guide/summaries_and_tensorboard)는 텐서플로우 그래프의 구조와 머신러닝 모델의 작동 방식을 이해하기 쉽게 해주는 시각화 도구로써 파리미터의 변화 양상이나 DNN에 대한 구조도를 그려주기 때문에 Tensor들과의 연결 상태, Tensor의 Flowing Status를 잘 보여 줄 수 있습니다 또한, 실시간으로 이미지화가 가능하다는것이 가장 큰 장점이라고 할 수 있습니다.

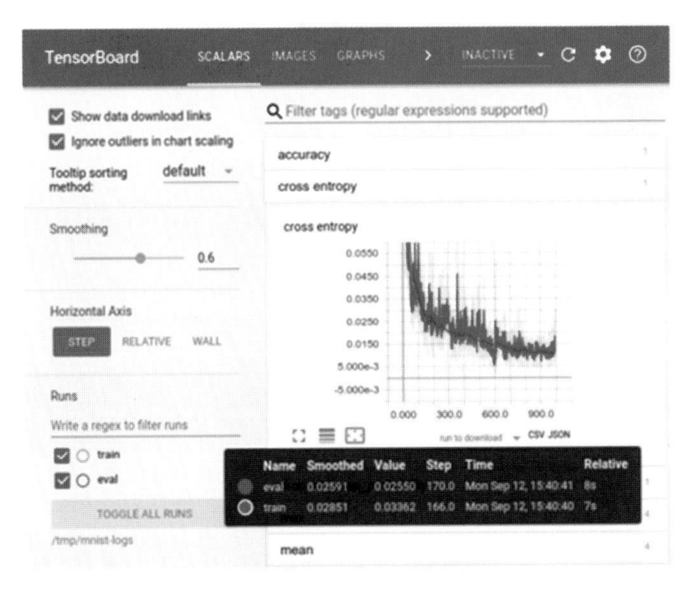

[그림 3-7] TensorBoard 시각화 도구

구글에서 산업용으로 만들어진 프레임워크로서 구글에서 공식 릴리즈를 하였기 때문에 전문성이 보장되며 Caffe, theano 등 다른 프레임워크들은 대학원 연구실에서 만들어졌기 때문에 유지보수가 TensorFlow보다 더딜 수밖에 없습니다. 또한, 방대한 사용자 커뮤니티와 문서가 존재하기 때문에 처음 접하는 사람들이 사용하기에는 좋은 프레임워크입니다. 이외의 다른 장점으로는 theano보다 컴파일 시간이 빠르며 데이터 및 모델 병렬 처리가 가능하며 Torch보다는 복잡하지만 더 많은 기능을 가지고 있습니다.

Define-and-Run 아키텍처로 구성되어 있기 때문에 정의된 그래프를 실행시점에 동적으로 변경이 불가능합니다. 전체적으로 다른 프레임워크보다 연산 속도는 느린 편이며 메모리를 효율적으로 사용하지 못하고 있습니다.

Define-and-Run과 Define-by-Run이란?(O'REILLY: https://www.oreilly.com/learning/complex-neural-networks-made-easy-by-chainer)

일반적으로 신경망을 훈련시키기 위하여서 다음 3단계를 수행합니다.

첫 번째, 네트워크 정의로부터 계산할 그래프를 작성합니다.
두 번째, 학습 데이터를 입력하고 손실 함수를 계산합니다.
세 번째, 옵티마이저를 사용하여 매개변수를 갱신하고 수렴할 때까지 이단계를 반복합니다.

딥러닝 프레임워크는 두 번째 단계보다 첫 번째 단계를 주로 먼저 완료합니다. 이 접근 방식을 Define-and-Run이라고 합니다. 이 방법은 훈련하기 전에 계산할 그래프를 고정해야 합니다. 그래서 복잡한 신경망에 대해서는 간단하지만 최적의 방법은 아닙니다.

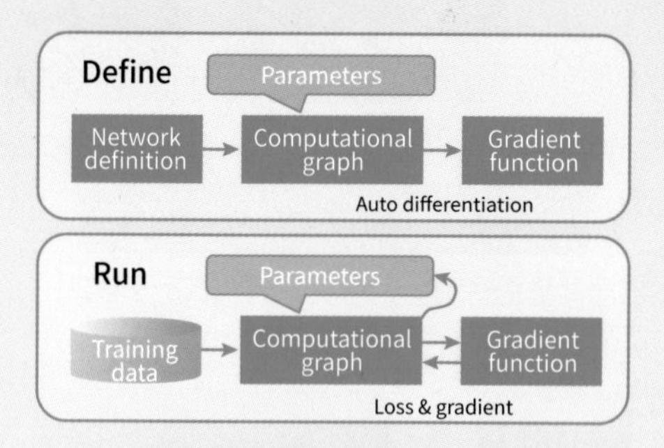

[그림 3-8] Define-and-Run

Define-by-Run은 첫 번째 두 번째 단계를 하나로 결합하여 실행합니다. Chainer, PyTorch가 이 방법을 이용합니다. 계산할 그래프는 훈련 전에 고정하지 않고 훈련 중에 얻어지게 됩니다.

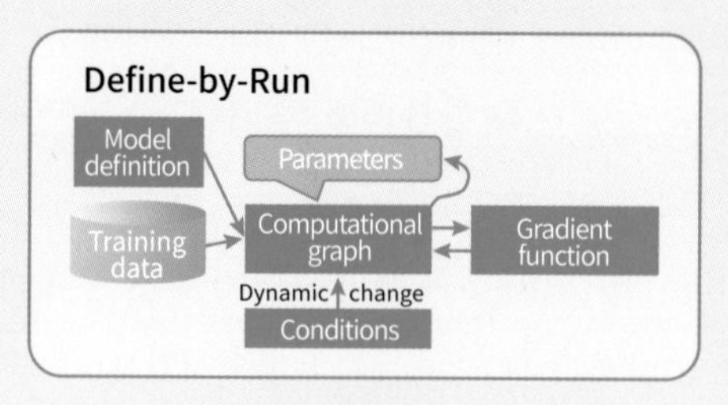

[그림 3-9] Define-byd-Run

현재 깃 허브에서 가장 많이 이용되는 인공지능 프레임워크로서 구글 내부와 많은 기업 및 연구 그룹에서 사용되고 있습니다. 구글에서는 지메일 스팸 필터링, 이미지 검색, 이메일 자동응답, 이미지에서 텍스트를 인식하고 이를 번역하는 Translate 앱 등이 있습니다.

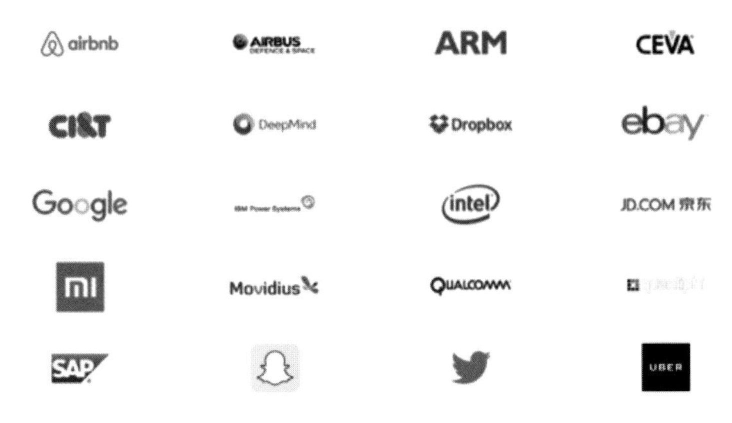

[그림 3-10] TensorFlow 도입한 기업

3.3.2 Keras

Keras(공식 홈페이지: https://keras.io/)는 python으로 작성된 오픈소스 신경망 라이브러리입니다. 라이브러리로서 MXNet, DE4J, TensorFlow, Theao와 함께 사용 가능합니다. 즉 theano와 TensorFlow를 백엔드로 사용하는 딥러닝 라이브러리입니다. Torch와 유사하게 직관적인 API를 제공합니다. DL4J에서는 Keras를 이용하여 theano와 TensorFlow의 모델을 가져오기도 합니다.

[그림 3-11] Keras

Linux, macOS, Windows OS 모두 지원 가능합니다. python으로 만들어졌으며 python, R을 이용하여 인터페이스를 합니다. OpenMP는 theano와 함께 사용할 때만 사용 가능합니다. OpenCL 또한 theano와 TensorFlow를 함께 사용할 때 사용이 가능합니다.

사용자는 API를 이용하여 고급 모듈을 조합하기만 하면 신경망을 설계할 수 있기 때문에 편리함을 제공하며 문서화가 잘되어 있어서 사용하기 편리합니다. 현재 빠르게 성장하는 프레임워크로서 신경망의 표준 python API가 될 것으로 예상합니다.

Keras의 장점으로는 쉽게 모델을 구현할 수 있으며, 다양한 함수를 제공하여 손쉽게 커스터마이징이 가능합니다. 단점으로는 theano 프레임워크에서 문제가 발생 시 디버깅이 어렵습니다.

3.3.3 torch , PyTorch

torch(공식홈페이지: http://torch.ch/)는 Lua 기반의 프레임워크로서 페이스북, 트위터 같은 큰 회사에서 자체 버전을 개발하여 사용하기도 합니다.

[그림 3-12] torch

Linux, macOS, Windows, Andorid, iOS 플렛폼에서 사용이 가능하며 CPU뿐만 아니라 GPU 연산을 위하여 C, C++ 라이브러리와 CUDA를 사용합니다. Lua, LuaJIT, C를 이용하여 인터페이스 하며 OpenMP도 지원이 가능합니다. Torch 는 최대한 유연성을 달성하고 모델 제작하는 과정을 매우 간단하게 만드는 것을 목표로 만들어졌습니다. 그래서 결합하기 쉽도록 많은 모듈 조각이 존재하며, 자신만의 신경망 레이어 유형을 작성하고 GPU 실행을 하기 쉽습니다. 또한, 사전에 학습된 모델이 많이 존재하기 때문에 기존모델을 활용하기도 좋습니다.

Pytorch(공식 홈페이지: https://pytorch.org/)는 python 기반의 프레임워크로 Numpy를 대체하고 GPU을 사용하고 싶은 사용자에게 최고의 유연성과 속도를 제공하는 프레임워크로 알려져 있습니다.

[그림 3-13] PyTorch

PyTorch는 가변 길이 입력 및 출력을 처리 할 수 있는 다이나믹한 연산 그래프를 제공(Define-by-Run)하고 RNN을 사용할 때 유용하게 사용됩니다. 간결하고 구현이 빨리되며 TensorFlow보다 사용자가 익히기 훨씬 쉽다는 특징을 가지고 있습니다.

최근 PyTorch는 TensorFlow와 많이 비교하여 말하고 있습니다. 가장 큰 차이점은 TensorFlow는 Define-and-Run을 사용한다는 점입니다. 이 차이로 TensorFlow는 모델을 먼저 만들고 값을 따로 넣어 줘야 해서 직관성은 PyTorch가 좀 더 우위에 있기 때문에 학습하기 쉬운 편입니다.

최근 주목을 받는 이유는 설치가 간편하며 코드의 이해가 높고 디버깅이 쉬운 직관적이고 간결하게 코드가 구성됩니다. 또한, 실시간으로 결괏값을 시각화할 수 있습니다. Python 기반으로 만들어 졌기때문에 다른 python 라이브러리와 호환성이 높습니다.

3.3.4 theano

theano(공식홈페이지: http://deeplearning.net/software/theano/)는 다차원 배열에서의 연산을 효율성, 정밀성을 갖춰 계산하도록 구성된 프레임워크입니다.

[그림 3-14] theano

Python 기반으로 인터페이스 또한 python(Keras와 같은 wrapper 라이브러리 사용)을 이용합니다. GPU 연산과 OpenMP를 지원합니다. TensorFlow와 유사하게 모델을 직접 만들거나 그 위에 Keras와 같은 라이브러리를 함께 사용하여 프로세스를 단순화할 수 있습니다. 다른 프레임워크처럼 확장성이 뛰어나지 않지만 많은 인공지능 개발자들이 사용하고 있는 프레임워크입니다.

theano와 함께 사용할 수 있는 Wrapper 라이브러리로는 Keras, Pylearn2, Lasane, Blocks가 있습니다. Pylearn2는 theano를 유지보수하고 있는 몬트리올 대학에서 개발한 연구용 라이브러리이며, Lasagne는 가볍고 모듈화가 잘되어 있어 사용하기 편리합니다. Blocks 라이브러리는 theano 기반으로 손쉽게 신경망을 만들수 있습니다.

3.3.5 MXNet

MXNet(공식 홈페이지: https://mxnet.apache.org/)은 DMLC(Distributed Machine Learning Community)가 개발한 오픈소스 프레임워크입니다. AWS에서 채택하여 빠르고 확장 가능한 교육 및 추론 프레임워크로서 머신러닝을 위해 사용이 쉽고 간단한 API를 제공하고 있습니다.

[그림 3-15] MXNet

Linux, macOS,Windows, Android, Ios JavaScript 플렛폼에서 사용이 가능하며, R C++ alc Julia와 같은 언어를 지원합니다. C++, CUDA로 작성되어 있으며 theano와 같이 자체 메모리를 관리할 수 있습니다. 또한, Gluon(https://mxnet.apache.org/gluon/index.html) 인터페이스가 포함되어 개발자가 클라우드, 엣지 디바이스 및 모바일 앱에서 딥러닝을 할 수 있는 확장성을 가지고 있습니다.

3.3.6 Caffe

Caffe(공식 홈페이지: http://caffe.berkeleyvision.org/)는 TensorFlow가 공개되기 전에 가장 많은 인기를 가진 프레임워크였습니다. 표현, 속도 및 모듈성을 염두하고 개발되었으며 python기반 인터페이스를 가지고 있으며 C++로 작성되어 있기 때문에 C++로 직접 사용할 수 있습니다. 또한, Matlab 인터페이스를 이용할 수도 있습니다. Linux, macOs, Window OS를 지원하며 OpenMP 또한 지원이 가능합니다.

[그림 3-16] Caffe

최신 CNN을 이용하여 이미지 분류에 적합한 프레임워크로서 기존 네트워크의 미세 조정에 적합합니다. 잘 훈련된 모델을 가지고 있으며, Caffe의 Model Zoo(https://github.com/BVLC/caffe/wiki/Model-Zoo)에서 사전 학습된 모델을 이용하여 코드 작성 없이 모델을 트레이닝이 가능합니다. 이미지 처리에는 탁월한 성능을 가지고 있지만 텍스트, 사운드 등의 데이터 처리에는 부적합한 면을 가지고 있습니다.

TensorFlow

3.4 인공지능 프레임워크 비교

Kaggle(https://www.kaggle.com)은 2010년에 만들어진 데이터 분석 플랫폼입니다. 지금은 구글이 인수하였으며 홈페이지를 통해 운영되고 있습니다. Kaggel에 기업이나 단체 등에서 데이터와 해결 과제를 등록하면 데이터 과학자들은 이를 개발하는 경쟁을 합니다. Kaggle에 올라온 데이터 중 'Deep Learning Framework Power Score 2018'(https://www.kaggle.com/discdiver/deep-learning-framework-power-scores-2018/notebook)라는 주제로 데이터 분석한 결과를 볼 수 있습니다.

분석 결과는 어떤 프레임워크가 주의를 끌 만한지 순위를 나타내고 있습니다. 순위를 정하기 위하여 7개의 서로 다른 범주에 걸쳐 11개의 데이터 소스를 사용하였습니다. 그 기준은 온라인상에 구직 항목, KDnuggets 설문, Google 검색량, 언론 매체 기사, 아마존 도서량, ArXiv기사, GitHub 활동량을 데이터를 사용하였습니다.

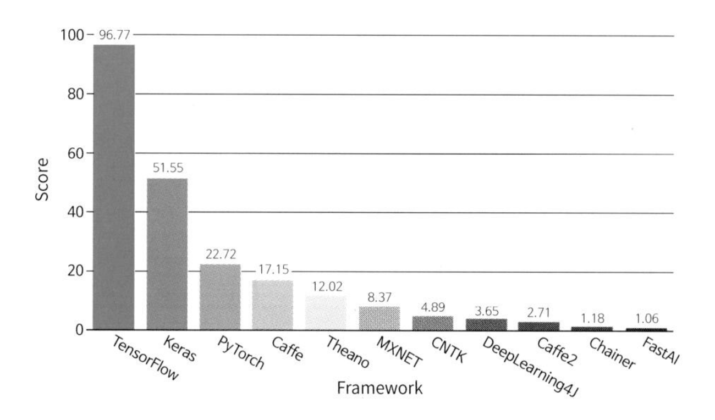

[그림 3-17] Deep Learning Framework Power Score 2018

종합 점수에서 보이는 것처럼 TensorFlow의 인기가 가장 높습니다. 그 뒤를 이어 Keras가 차지하였으며, PyTorch, Caffe, theano MXNet 프레임워크는 비슷한 점수로 나타났습니다. 여기 나오는 점수는 절대적인 점수가 아니기 때문에 자신이 하고자 하는 방향에 맞는 프레임워크를 선택해서 사용하는 것이 좋습니다.

각각의 기준에 따른 점수를 확인해 보도록 하겠습니다.

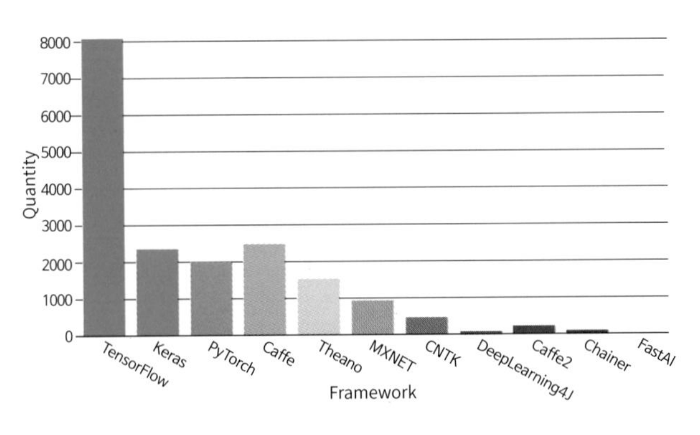

[그림 3-18] Online Job Listing

온라인상에서 구직 항목 수를 보면 현 시장에서는 TensorFlow 개발자를 가장 많이 찾고 있는 추세를 가지고 있습니다. 그뒤를 이어 Caffe 개발자는 TensorFlow가 공개되기 이전에 인기 있던 프레임워크라 계속적으로 많은 구직자를 찾는 것으로 보입니다.

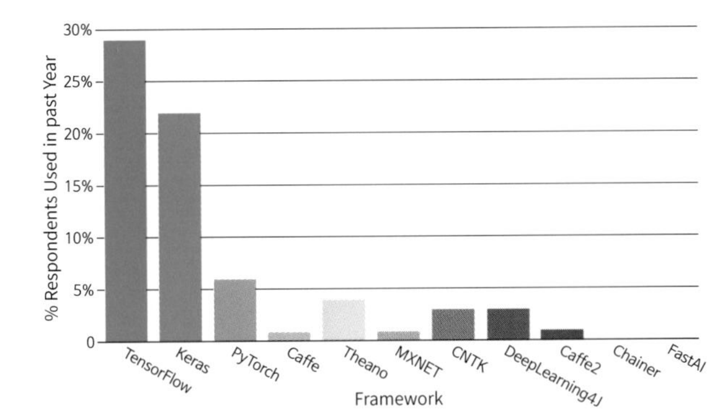

[그림 3-19] KDnuggets Usage Survey

설문을 보면 TensorFlow와 Keras를 비슷한 수준으로 많이 사용하고 있다는 결과를 보이고 있습니다.

나머지 다른 기준의 결과는 다음과 같습니다.

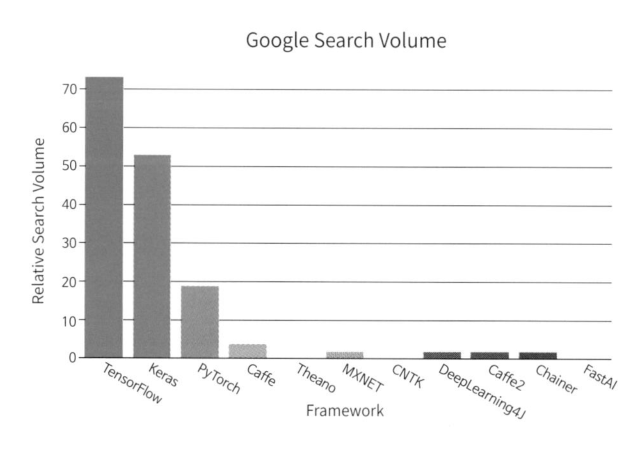

[그림 3-20] Google Search Volume

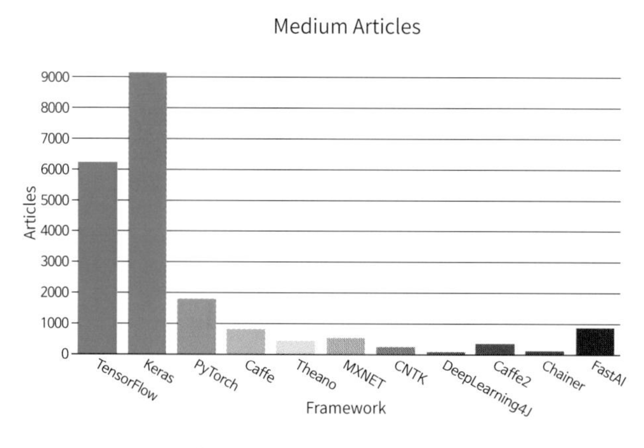

[그림 3-21] Medium Articles

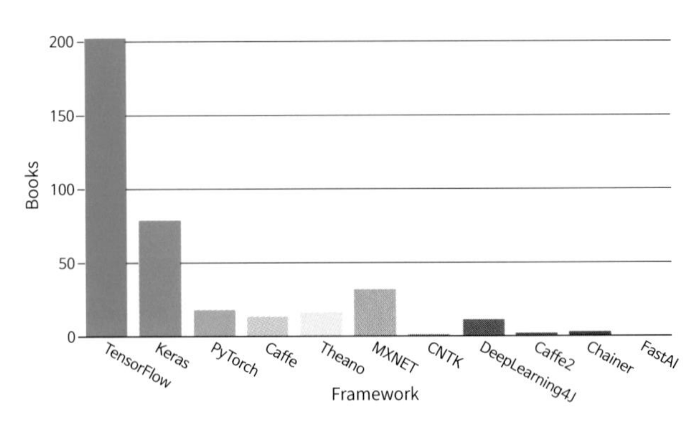

[그림 3-22] Amazon Books

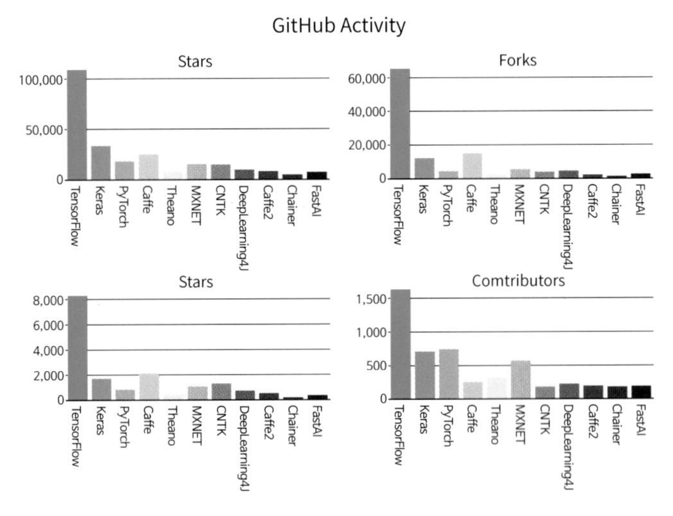

[그림 3-23] GitHub Activity

GitHub에서 활동이 제일 많은 TensorFlow가 가장 활발하게 커뮤니티 활동을 하고 있음을 확인할 수 있습니다. 아마존에서 도서량, 구글 검색량 등은 다른 결과 모두 TensorFlow가 가장 많은 점수를 얻고 있습니다.

CHAPTER 4

TensorFlow 활용

TensorFlow

4.1 텐서플로우 구동을 위한 환경 구성

텐서플로우는 다양한 설치 방법을 지원하고 있습니다. 또한, CPU와 GPU 버전에 따라 우선 설치해야 하는 환경도 조금씩 다릅니다. 텐서플로우를 사용하기 위해서 최우선으로 필요한 환경은 Python 언어가 설치되어 있어야 합니다. Python 언어가 설치되면 pip를 활용할 수 있으며, 텐서플로우가 설치되면 다양한 딥러닝 라이브러리와 API를 Python 언어를 활용하여 프로그래밍할 수 있습니다. 또한, Python 언어를 통해 텐서플로우를 import하고 세션을 처리하는 간단한 코드로 텐서플로우가 정상적으로 설치되었는지 확인할 수 있습니다.

텐서플로우를 설치하기 전에 텐서플로우 공식 사이트를 통해 설치와 관련된 환경부터 체크합니다.

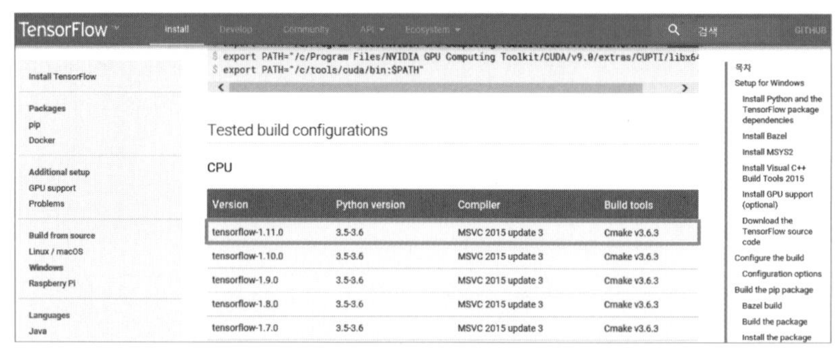

https://www.tensorflow.org/install/source_windows

[그림 4-1] 설치 관련 텐서플로우 공식 사이트 확인

여기서 확인해야 할 것은 텐서플로우의 CPU 버전과 GPU 버전에 맞는 Python 버전 정보입니다. 가급적 설치하고자 하는 버전을 맞추는 것이 좋습니다. 무엇보다 텐서플로우에서 테스트된 환경에 맞는 버전을 선택하여 설치하는 것을 권장합니다. tensorflow-1.11.0 버전을 설치하고자 한다면, Python 버전은 3.5 또는 3.6 버전을 권장하고 있습니다.

TensorFlow 2 버전 기준 공식 홈페이지에서는 Python 버전은 3.5~3.8 을 권장하고 있습니다. 하지만 기존 버전인 tensorflow-1.11.0 버전을 설치하고자 한다면, Python 버전은 3.5 또는 3.6 버전을 권장하고 있습니다.

4.1.1 Python 설치

공통된 환경에서 실습을 진행해 보기 위하여, Python 설치는 python 3.6.x 버전을 다운로드 받아 설치합니다. Python의 경우 텐서플로우에서 제공되는 다양한 라이브러리를 활용하여 코딩을 할 수 있으며, IDE(통합 개발 환경) 도구를 활용하여 보다 편리하게 코드 작성부터 디버깅, 빌드 등을 수행할 수 있습니다. 설치하고자 하는 텐서플로우 버전과 맞추기 위하여 Python 3.6.* 버전을 선택합니다.

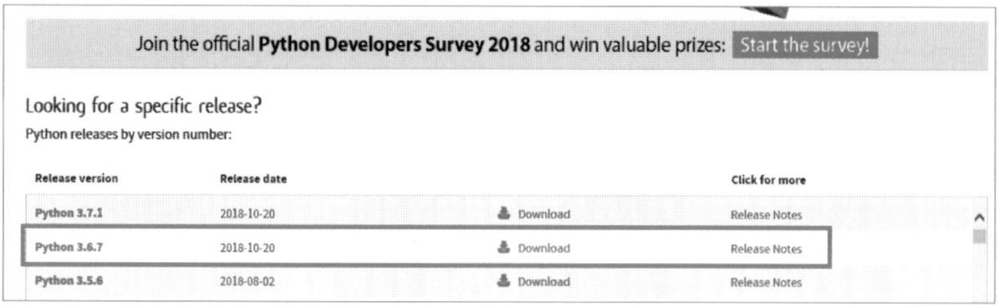

Join the official **Python Developers Survey 2018** and win valuable prizes: Start the survey!

Looking for a specific release?

Python releases by version number:

Release version	Release date		Click for more
Python 3.7.1	2018-10-20	Download	Release Notes
Python 3.6.7	2018-10-20	Download	Release Notes
Python 3.5.6	2018-08-02	Download	Release Notes

https://www.python.org/downloads/

[그림 4-2] Python 설치를 위한 다운로드 사이트

Python3.6.7 버전을 클릭하면 아래 사이트로 이동합니다. 사이트 이동 후 스크롤을 활용하여 설치 파일을 다운로드 받습니다. 만약 3.6.7버전이 존재하지 않는다면 3.6으로 시작하는 다른 버전을 받습니다.

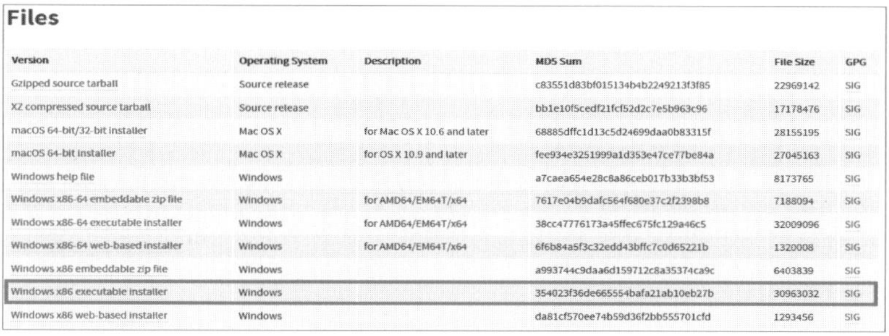

Files

Version	Operating System	Description	MD5 Sum	File Size	GPG
Gzipped source tarball	Source release		c83551d83bf015134b4b2249213f3f85	22969142	SIG
XZ compressed source tarball	Source release		bb1e10f5cedf21fcf52d2c7e5b963c96	17178476	SIG
macOS 64-bit/32-bit installer	Mac OS X	for Mac OS X 10.6 and later	68885dffc1d13c5d24699daa0b83315f	28155195	SIG
macOS 64-bit installer	Mac OS X	for OS X 10.9 and later	fee934e3251999a1d353e47ce77be84a	27045163	SIG
Windows help file	Windows		a7caea654e28c8a86ceb017b33b3bf53	8173765	SIG
Windows x86-64 embeddable zip file	Windows	for AMD64/EM64T/x64	7617e04b9dafc564f680e37c2f2398b8	7188094	SIG
Windows x86-64 executable installer	Windows	for AMD64/EM64T/x64	38cc47776173a45ffec675fc129a46c5	32009096	SIG
Windows x86-64 web-based installer	Windows	for AMD64/EM64T/x64	6f6b84a5f3c32edd43bffc7c0d65221b	1320008	SIG
Windows x86 embeddable zip file	Windows		a993744c9daa6d159712c8a35374ca9c	6403839	SIG
Windows x86 executable installer	Windows		354023f36de665554bafa21ab10eb27b	30963032	SIG
Windows x86 web-based installer	Windows		da81cf570ee74b59d36f2bb555701cfd	1293456	SIG

https://www.python.org/downloads/release/python-367/

[그림 4-3] Python 설치 파일 다운로드

위 사이트로 이동하여 스크롤을 이용하여 위와 같은 화면에서 적당한 버전을 다운로드 받아 설치하면 됩니다. "Windows x86 executable installer" 버전을 클릭하여 Python 3.6.7 버전을 다운로드 받아 설치할 수 있습니다.

초기 설치 화면은 다음과 같습니다.

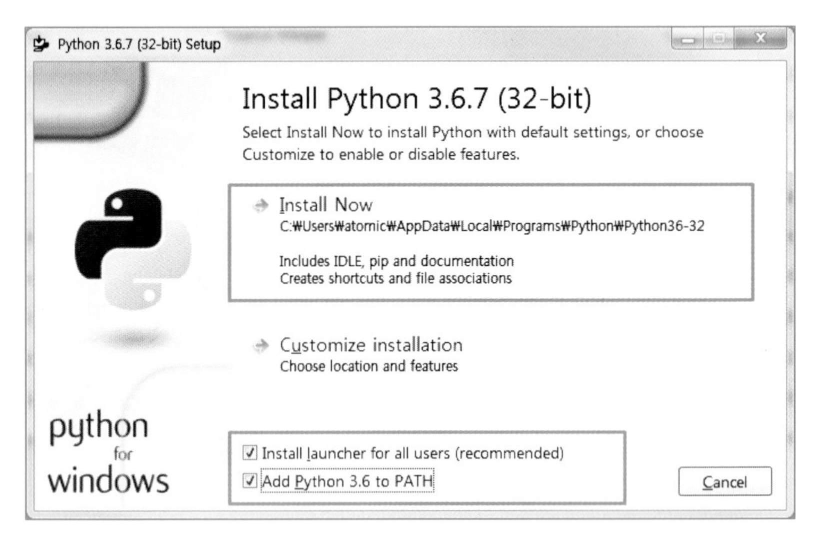

[그림 4-4] Python 초기 설치 화면

무엇보다 설치되면서 자동으로 path 설정을 위해 "Add Python 3.6 to PATH"를 체크하여 설치 후 별도의 시스템 path 설정 없이 Python을 사용할 수 있습니다.

정상적으로 설치되어 있으면 도스창이나 쉘을 열어 다음과 같은 명령어로 설치 여부를 확인합니다. 버전 정보가 출력되면 정상적으로 설치된 것입니다. (참고: V는 대문자 V입니다.)

```
>python -V
Python 3.6.7
```

4.1.2 IDE 도구 설치

IDE 도구는 통합 개발 환경으로서 다양한 IDE 도구가 있지만, Visual Studio Code, PyCharm을 추천합니다. 개발자는 자신의 성향에 맞춰 다양한 IDE 도구를 활용하고 있으므로, 각자의 성향에 맞는 IDE 도구를 활용해도 좋습니다. IDE 도구는 Python 코드 작성과 통합 빌드를 통해 결과를 확인하기 위하여 사용됩니다. 여기서는 라이선스를 고려하여 Visual Studio Code를 활용하였습니다. 아래 사이트를 통해 원하는 운영 체제에 맞게 선택하여 다운로드 하여 설치할 수 있습니다.

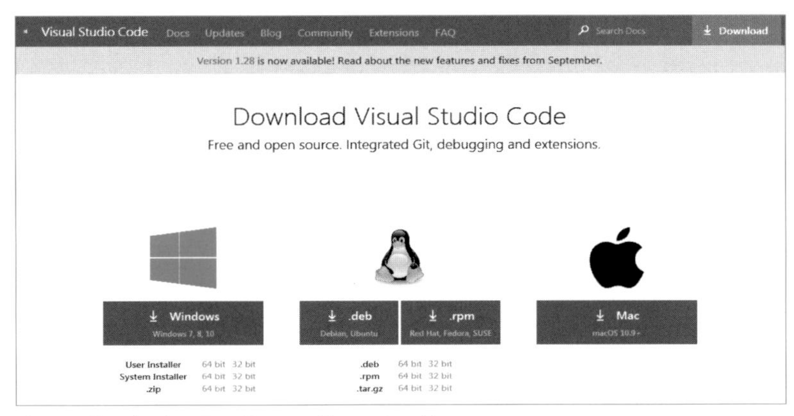

https://code.visualstudio.com/Download/

[그림 4-5] IDE 도구 설치

Visual Studio Code가 설치되면, 소스코드 확장자에 맞게 관련 플러그인을 설치할 수 있습니다. Python 언어를 사용할 것이기 때문에 Python과 관련된 플러그인을 설치하고 Run 모듈을 설치하면 Python 언어를 활용하여 Visual Studio Code에서 프로그래밍을 진행하고 빌드할 수 있습니다.

다음은 Visual Studio Code를 설치한 후 다양한 확장들 중에서 기본적으로 설치해야 할 확장 항목들입니다.

- Code Runner
- Korean Language Pack for Visual Studio Code

4.1.3 텐서플로우 설치

다음은 텐서플로우를 설치하기 위한 다양한 환경을 나타냅니다.

- python 패키지 매니저인 pip를 이용한 설치
- 로컬 컴퓨터에서 도커(docker)를 이용한 설치
- 패키지 버전이 충돌되지 않도록 하기 위한 virtualenv를 이용한 설치
- 수학과 관련된 다양한 함수를 포함하고 있는 아나콘다(anaconda)를 이용한 설치
- 소스에서 설치

텐서플로우는 우선적으로 CPU(Central Processing Unit) 버전과 GPU(Graphic

Processing Unit) 버전을 설치할 수 있습니다. 사용자의 컴퓨터 그래픽 카드 사양에 따라서 CPU 버전과 GPU 버전을 선택해서 설치해야 합니다. CPU 버전은 대부분의 CPU에 호환이 되지만, GPU 버전은 NVIDIA 사의 그래픽 카드를 사용할 경우 설치하여 사용할 수 있습니다.

먼저 CPU 버전의 설치부터 확인해 봅니다. CPU 버전은 GPU 버전 설치에 비해 간단하게 설치할 수 있습니다.

다음은 GPU 버전의 순서를 나타냅니다.

- GPU 버전을 설치하기 위한 CUDA Toolkit이 필요합니다.
- cuDNN 설치

먼저 텐서플로우의 GPU 버전 설치를 위해 CUDA Toolkit 설치를 진행합니다. CUDA와 관련된 텐서플로우 호환성 정보는 아래 사이트를 통해서 확인할 수 있습니다.

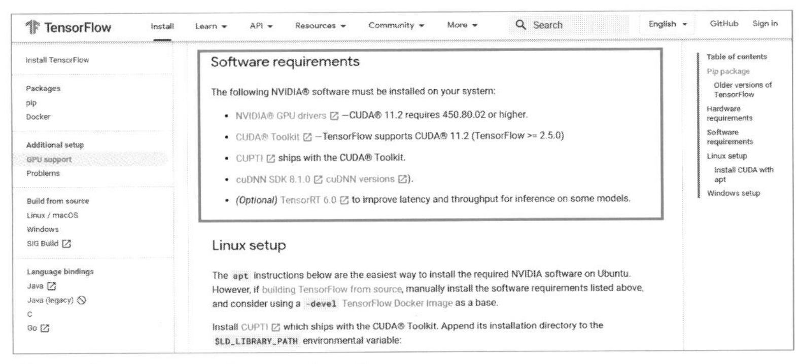

https://www.tensorflow.org/install/gpu

[그림 4-6] CUDA와 관련된 텐서플로우 호환성 정보

다음은 GPU 지원을 위한 관련 소프트웨어 정보입니다.

- NVIDIA® GPU 드라이버 - CUDA® 11.0에는 450.x 이상이 필요
- CUDA® Toolkit - TensorFlow는 CUDA® 11 지원함(TensorFlow 2.4.0 이상).
- CUPTI는 CUDA® Toolkit과 함께 제공
- cuDNN SDK 8.0.4(cuDNN 버전)
- (선택사항) TensorRT 6.0 - 일부 모델에서 추론 처리량과 지연 시간을 향상

CUDA Toolkit 버전은 Tensorflow 2.x 버전 에서는 CUDA 11버전을 지원하고 있으며, Tensorflow 1.x 버전에서는 CUDA 9.0을 지원합니다. NVIDIA사이트로 이동하여 활용할 Tensorflow 버전에 맞게 CUDA Toolkit을 다운로드 받아서 설치합니다.

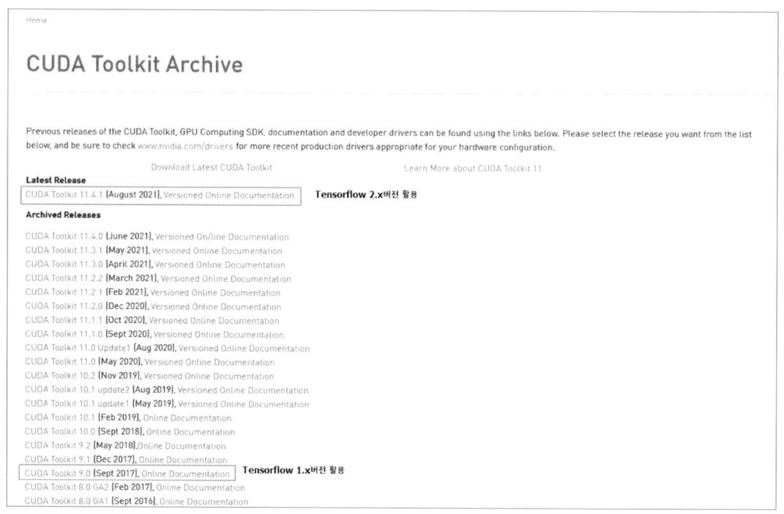

https://developer.nvidia.com/cuda-toolkit-archive

[그림 4-7] CUDA Toolkit 다운로드

이 책에서 실습을 하기 위한 환경을 그대로 따라하기 위해서는 CUDA 9.0으로 설치를 진행합니다. CUDA Tookit 9.0을 클릭하면 아래와 같이 나타납니다. 설치하고자 하는 시스템(플랫폼)의 사양에 맞게 선택하면 다운로드 받을 수 있습니다.

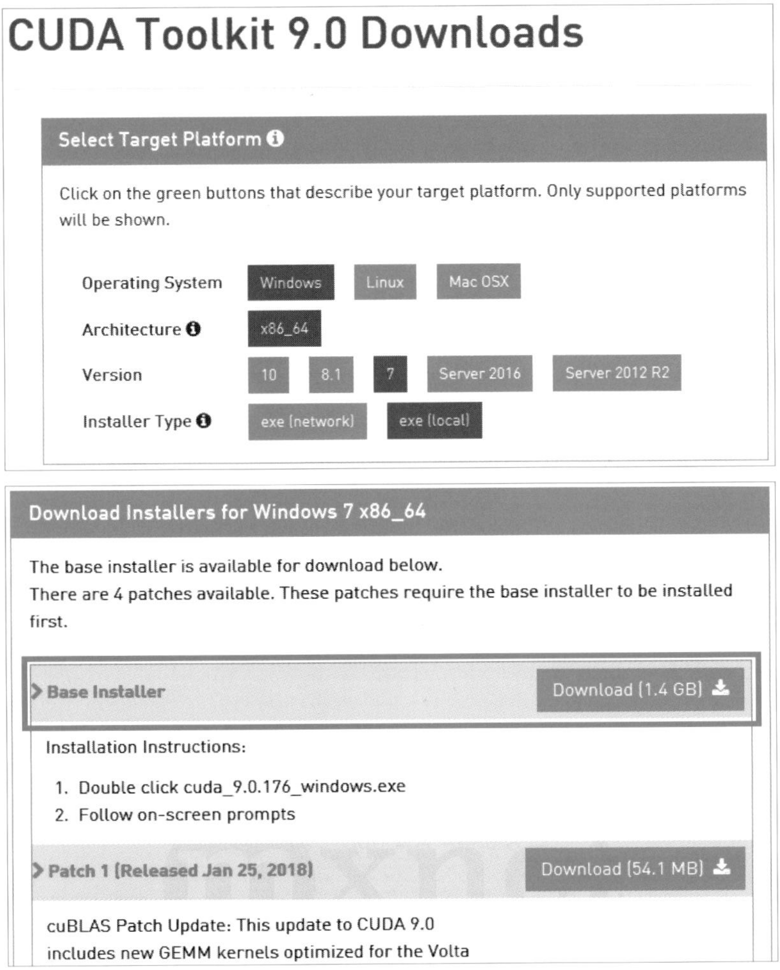

CUDA Toolkit 9.0 Downloads

Select Target Platform

Click on the green buttons that describe your target platform. Only supported platforms will be shown.

Operating System: Windows | Linux | Mac OSX
Architecture: x86_64
Version: 10 | 8.1 | 7 | Server 2016 | Server 2012 R2
Installer Type: exe (network) | exe (local)

Download Installers for Windows 7 x86_64

The base installer is available for download below.
There are 4 patches available. These patches require the base installer to be installed first.

Base Installer — Download (1.4 GB)

Installation Instructions:

1. Double click cuda_9.0.176_windows.exe
2. Follow on-screen prompts

Patch 1 (Released Jan 25, 2018) — Download (54.1 MB)

cuBLAS Patch Update: This update to CUDA 9.0 includes new GEMM kernels optimized for the Volta

[그림 4-8] CUDA Toolkit 다운로드

Base Installer 항목의 Download 버튼을 클릭하여 다운로드 받습니다. 다운로드 받아 실행하면 아래와 같이 CUDA Setup 화면이 나타나며, 설치를 위한 path 정보가 표시됩니다. default path로 설정하고 OK 버튼을 클릭합니다.

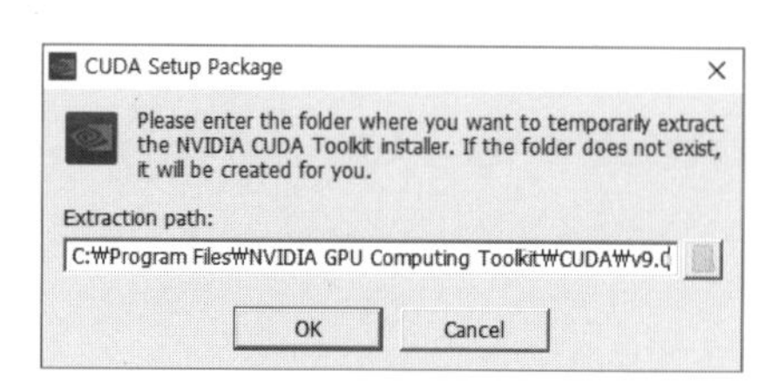

[그림 4-9] CUDA Setup 화면

다음으로 cuDNN을 설치합니다. cuDNN 파일은 NVIDIA 사이트를 통해서 다운로드 받을 수 있습니다. cuDNN은 NVIDIA 사이트의 회원가입이 되어 있어야 다운로드 받을 수 있으므로 사전에 회원 가입을 한 후 cuDNN 사이트로 이동하여 파일을 다운로드 합니다.

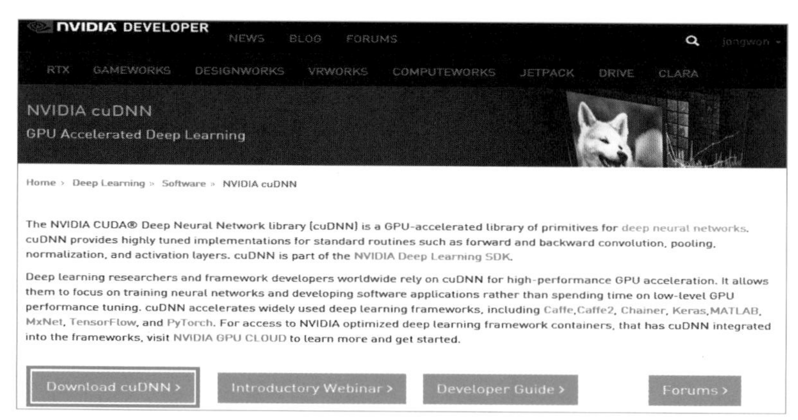

https://developer.nvidia.com/cudnn

[그림 4-10] NVIDIA 사이트에서 cuDNN 파일 다운로드

사용하는 운영 체제에 맞게 다운로드 합니다.

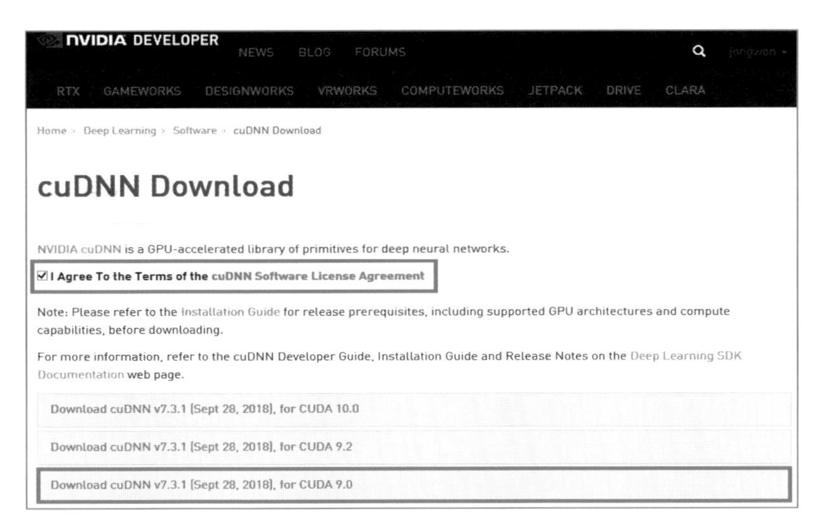

[그림 4-11] 사용하는 운영 체제에 맞게 다운로드

cudnn-9.0-windows7-x64-v7.3.1.20.zip 파일을 다운로드 받습니다.

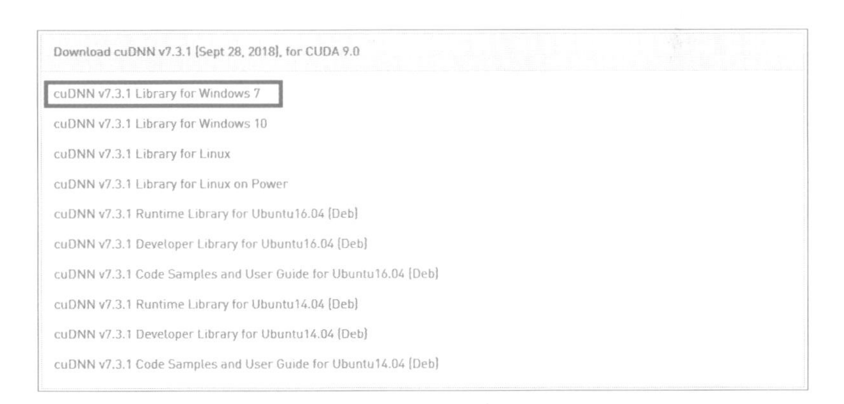

[그림 4-12] cudnn-9.0-windows7-x64-v7.3.1.20.zip 파일 다운로드

cuDNN은 별도의 설치 파일이 있는 것이 아니라, CUDA Toolkit이 설치된 디렉토리에 cuDNN 압축 파일을 푸는 것으로 설치가 완료됩니다.

cudnn-9.0-windows7-x64-v7.3.1.20.zip 파일의 cuda 디렉토리 안에 있는 모든 파일과 디렉토리를 CUDA 설치 디렉토리(예: C:\Program Files\NVIDIA GPUComputing Toolkit\CUDA\9.0)에 압축을 풉니다.

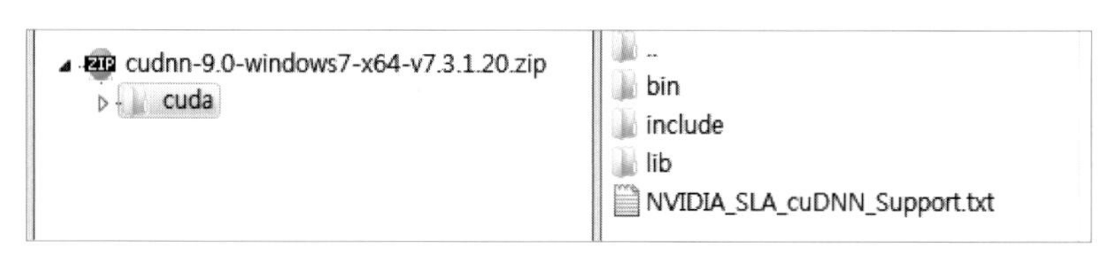

[그림 4-13] cuda 디렉토리

여기까지 완료하면 정상적으로 텐서플로우 CPU 버전 또는 GPU 버전 설치를 완료했다고 할 수 있습니다. 이어서 Python 언어를 활용하여 텐서플로우 기본 코드를 작성하여 텐서플로우가 제대로 설치되었는지 확인할 수 있습니다.

4.1.4 텐서플로우 설치 확인

텐서플로우 설치를 완료하면, 다음과 같은 샘플 코드를 통해 텐서플로우 설치가 완료되었는지 확인할 수 있습니다.

```
import tensorflow as tf
hello = tf.constant('Hello Tensorflow World!!!')
sess = tf.Session()
print sess.run(hello)
```

샘플 코드를 통해 결과가 'Hello Tensorflow World!!!'로 출력되면 정상적으로 텐서플로우가 설치되었으며, 본격적으로 개발할 수 있는 환경 설정이 완료되었다고 할 수 있습니다.

4.1.5 사진 인식 실습

텐서플로우에서 제공하는 Inception v3 모델을 이용한 이미지 인식 예제를 학습시켜 보도록 하겠습니다. 텐서플로우 공식 홈페이지의 튜토리얼을 (https://www.tensorflow.org/hub/tutorials/image_retraining) 를 참고하면 됩니다.

TensorFlow Hub 를 사용하여 미리 훈련된 모델을 재훈련하게 됩니다. 다음과 같은 명령어를 실행하여 TensorFlow-Hub를 설치합니다.

```
> pip install "tensorflow>=1.7.0"
> pip install tensorflow-hub
```

설치를 완료한 후 재학습을 위한 이미지를 다운로드 합니다.

```
http://download.tensorflow.org/example_images/flower_photos.tgz
```

다운로드 한 압축 파일을 압축을 해제하면 [그림 4-14]처럼 폴더로 구성되어 있습니다.

[그림 4-14] 학습 이미지 폴더 구성

Tensorflow 공식 github에서 hub 저장소의 examples/image_retraining (https://github.com/tensorflow/hub/tree/master/examples/image_retraining)으로 이동합니다. retrain.py 스크립트를 이용하여 재학습을 시켜보도록 하겠습니다.

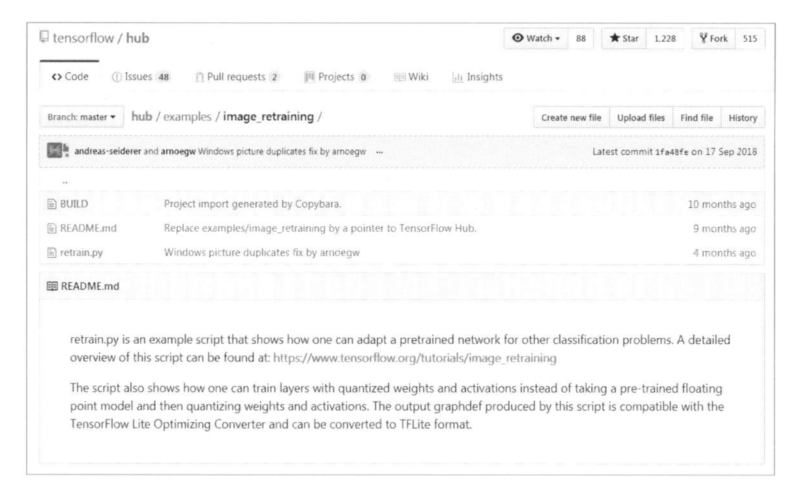

[그림 4-15] hub 저장소의 retrain.py 스크립트

retrain.py 파일을 [그림 4-16]처럼 스크립트와 학습 이미지 파일을 같은 폴더에 위치시킵니다.

[그림 4-16] 실습을 위한 폴더 구조

콘솔 창에서 해당 폴더의 경로로 이동하여 다음과 같이 실행합니다.

```
> python retrain.py --image_dir flow_photos
```

--image_dir 파라미터는 학습 이미지가 있는 폴더의 위치를 지정하여 해당 이미지를 이용한 재학습 실시합니다. 이 스크립트는 사전 학습된 모듈을 로드하고 학습을 위한 꽃 이미지 위에 새로운 분류자를 표시합니다. 스크립트는 컴퓨터의 속도에 따라 완료되는데 시간이 다소 차이가 있습니다. 스크립트가 실행되면서 학습이 진행하면서 /tmp/bottleneck(윈도우의 경우 스크립트가 있는 드라이브 밑에 /tmp 경로가 생성됨) 경로에 학습 중 계산한 값을 반복적으로 다시 계산할 필요 없이 해당 데이터를 저장하여 다음 실행 시 계산을 할 필요 없이 교육을 시작하게 됩니다.

기본적으로 이 스크립트는 4,000번의 교육 단계를 실행하게 되고 각 단계는 훈련 세트에서 무작위로 10개의 이미지를 선택하여 bottleneck을 이용하여 최종 결과를 계산합니다.

```
INFO:tensorflow:2019-01-07 15:17:33.624170: Step 3980: Train accuracy = 97.0%
INFO:tensorflow:2019-01-07 15:17:33.624170: Step 3980: Cross entropy = 0.153687
INFO:tensorflow:2019-01-07 15:17:33.762184: Step 3980: Validation accuracy = 87.
0% (N=100)
INFO:tensorflow:2019-01-07 15:17:35.257333: Step 3990: Train accuracy = 98.0%
INFO:tensorflow:2019-01-07 15:17:35.258334: Step 3990: Cross entropy = 0.166280
INFO:tensorflow:2019-01-07 15:17:35.407348: Step 3990: Validation accuracy = 87.
0% (N=100)
INFO:tensorflow:2019-01-07 15:17:36.742482: Step 3999: Train accuracy = 99.0%
INFO:tensorflow:2019-01-07 15:17:36.742482: Step 3999: Cross entropy = 0.126306
INFO:tensorflow:2019-01-07 15:17:36.904498: Step 3999: Validation accuracy = 85.
0% (N=100)
2019-01-07 15:17:39.732781: W tensorflow/core/graph/graph_constructor.cc:1265] I
mporting a graph with a lower producer version 26 into an existing graph with pr
oducer version 27. Shape inference will have run different parts of the graph wi
th different producer versions.
INFO:tensorflow:Saver not created because there are no variables in the graph to
 restore
INFO:tensorflow:Restoring parameters from /tmp/_retrain_checkpoint
INFO:tensorflow:Final test accuracy = 91.4% (N=372)
INFO:tensorflow:Save final result to : /tmp/output_graph.pb
2019-01-07 15:17:46.345442: W tensorflow/core/graph/graph_constructor.cc:1265] I
mporting a graph with a lower producer version 26 into an existing graph with pr
oducer version 27. Shape inference will have run different parts of the graph wi
th different producer versions.
INFO:tensorflow:Saver not created because there are no variables in the graph to
 restore
INFO:tensorflow:Restoring parameters from /tmp/_retrain_checkpoint
INFO:tensorflow:Froze 378 variables.
INFO:tensorflow:Converted 378 variables to const ops.

(tensorflow) E:₩TF_Work₩inceptionv3>
```

[그림 4-17] 학습 결과

최종 테스트 결과 91.4%의 정확도를 보였습니다. 훈련된 새 모델은 output_graph.pb 파일과 ouput_label.txt 파일로 작성되었습니다. TensorBoard를 이용하여 결과를 시각화하여 확인할 수 있습니다. 콘솔 창에서 다음과 같이 입력하여 TensorBoard를 실행합니다.

[그림 4-18] 콘솔에서 텐서보드 실행

콘솔에서 나온 주소를 웹브라우저에서 실행하면 그림 4-19와 같이 시각화된 결과를 확인할 수 있습니다.

[그림 4-19] 텐서보드를 통한 결과 시각화

재교육된 모델을 재사용하는 방법을 알아보도록 하겠습니다. Tensorflow 공식 github에서 tensorflow 저장소에 있는 lable_image.py(https://github.com/tensorflow/tensorflow/blob/master/tensorflow/examples/label_image/label_image.py) 스크립트를 이용합니다. 저장소로 이동하면 [그림 4-20]과 같은 화면을 볼 수 있습니다. lable_image.py 스크립트를 retrain.py 스크립트와 동일한 폴더에 위치시켜줍니다.

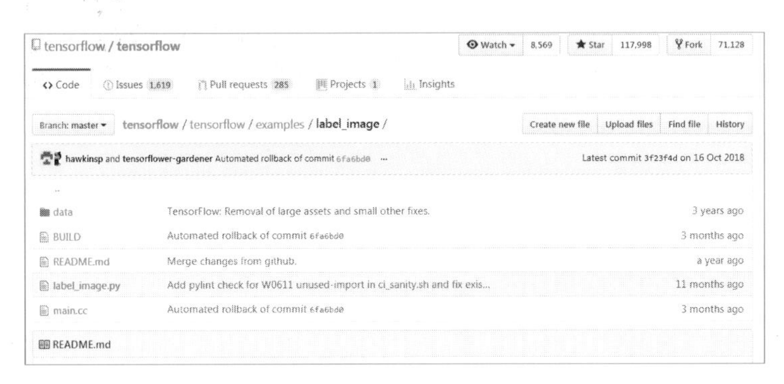

[그림 4-20] label_image 스크립트

학습된 모델을 재사용하기 위하여 label_image.py 스크립트를 실행하기 위하여 다음과 같이 콘솔 창에서 실행을 시켜 줍니다. 모델 재사용을 위한 이미지는 학습 때 사용하였던 이미지를 이용하도록 하겠습니다.

```
> python label_image.py
--graph=/tmp/output_graph.pb
--labels=/tmp/output_labels.txt
--input_layer=Placeholder
--output_layer=final_result --image=E:/TF_Work/inceptionv3/
flower_photos/daisy/21652746_cc379e0eea_m.jpg
```

--graph, --labels 파라미터는 학습된 모델의 정보를 입력하고 --image 파리미터에 재사용을 위한 이미지의 경로를 입력합니다. 실행 결과는 99퍼센트로 daisy가 가장 높은 확률로 나왔습니다.

```
(tensorflow) E:₩TF_Work₩inceptionv3>python label_image.py --graph=/tmp/output_gr
aph.pb --labels=/tmp/output_labels.txt --input_layer=Placeholder --output_layer=
final_result --image=E:/TF_Work/inceptionv3/flower_photos/daisy/21652746_cc379e0
eea_m.jpg
2019-01-07 16:28:55.067614: I tensorflow/core/platform/cpu_feature_guard.cc:141]
 Your CPU supports instructions that this TensorFlow binary was not compiled to
use: AVX2
daisy 0.9981225
sunflowers 0.0010940062
dandelion 0.00039869535
tulips 0.00030064236
roses 8.414072e-05

(tensorflow) E:₩TF_Work₩inceptionv3>
```

[그림 4-21] 모델 재사용 결과

retrain.py와 label_image.py 스크립트를 이용하여 학습된 모델을 이용하여 나만의 이미지 분류기를 만들 수 있습니다. 위에서 모델을 만들기 위한 flower_photo와 같이 학습을 위한 이미지를 구성하여 폴더 형태로 구성합니다. 이미지의 label은 이미지 폴더명으로 지정합니다.

예를 들어 [그림 4-22]처럼 dog_photo로 구성합니다. 각 폴더의 강아지 이미지는 폴더별로 최소 30장 이상 넣어 두셔야 분석이 가능하며, 파일명은 1.jpg와 같이 단순한 형태로 지정해 놓으시는 것이 좋습니다. 세 가지 종류의 강아지를 이용하여 분류 모델을 만들어 볼 수 있습니다.

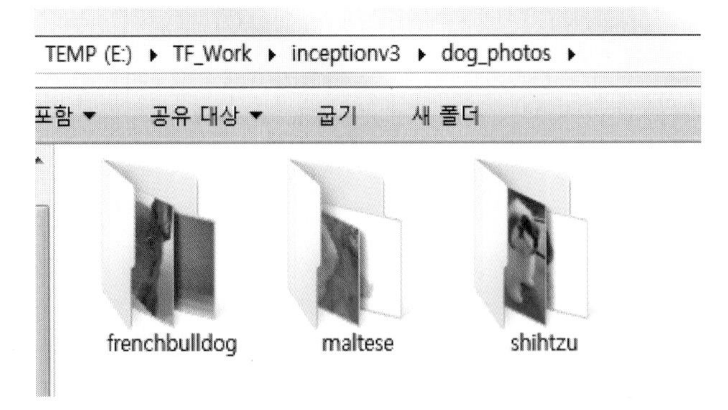

[그림 4-22] dog_photo 모델 만들기 위한 학습 이미지 폴더

[그림 4-23] frenchbulldog label 폴더 내의 이미지 구성의 예

재학습을 위한 학습 이미지를 지정하여 아래와 같이 콘솔 창에서 실행합니다. 실행이 되면 앞에서 설명한 방식대로 다시 재학습을 시작합니다.

```
> python retrain.py --image_dir dog_photos
```

학습이 완료되면 앞서 학습한 동일한 위치에 새로운 학습된 모델로 업데이트됩니다. 새로 학습된 모델은 강아지를 분류할 수 있는 모델이 완성되었습니다. 이제 테스트를 위하여 인터넷상에서 불독, 마르티스, 시츄 중에 선택하여 강아지 사진 한 장을 다운 받습니다. 다운 받은 사진의 파일명을 test로 지정하여 저장합니다.

이제 학습된 모델을 테스트하도록 하겠습니다. 콘솔 창에 다음과 같이 입력하여 테스트합니다.

```
> python label_image.py
--graph=/tmp/output_graph.pb
--labels=/tmp/output_labels.txt
--input_layer=Placeholder
--output_layer=final_result --image=E:/TF_Work/inceptionv3/
test.jpg
```

```
(tensorflow) E:\TF_Work\inceptionv3>python label_image.py --graph=/tmp/output_gr
aph.pb --labels=/tmp/output_labels.txt --input_layer=Placeholder --output_layer=
final_result --image=E:/TF_Work/inceptionv3/test.jpg
2019-01-07 17:12:50.523641: I tensorflow/core/platform/cpu_feature_guard.cc:141]
 Your CPU supports instructions that this TensorFlow binary was not compiled to
use: AVX2
frenchbulldog 0.999772
maltese 0.00017646998
shihtzu 5.148687e-05

(tensorflow) E:\TF_Work\inceptionv3>
```

[그림 4-24] 블독 사진으로 테스트 결과

새롭게 학습된 모델의 테스트 결과는 불독의 확률이 99퍼센트 이상으로, 불독으로 판독되었음을 알 수 있습니다. 이제 이 모델을 이용하여 새로운 학습 이미지 데이터만 준비한다면 새롭게 나만의 이미지 인식 모델을 만들 수 있습니다.

재학습을 위한 스크립트 retrain.py에 대하여 살펴보도록 하겠습니다. 굉장히 코드가 길게 작성되어 있습니다. 우선 스크립트가 시작되는 라인은 1141라인부터 코드가 실행되게 됩니다.

```
if __name__ == '__main__':
  parser = argparse.ArgumentParser()
  parser.add_argument(
      '--image_dir',
      type=str,
      default='',
      help='Path to folders of labeled images.'
  )
  parser.add_argument(
      '--output_graph',
      type=str,
      default='/tmp/output_graph.pb',
      help='Where to save the trained graph.'
  )
… 파라미터 설정 생략…

FLAGS, unparsed = parser.parse_known_args()
tf.app.run(main=main, argv=[sys.argv[0]] + unparsed)
```

재학습을 실행시키기 위해서 파라미터 입력을 처리하기 위하여 파라미터 설정을 하였습니다. 파라미터 설정 후 tf.app.run()을 이용하여 main 함수 파리미터를 전달하여 실행하게 됩니다.

main 함수는 968라인부터 시작(전체 소스코드는 https://github.com/tensorflow/hub/blob/master/examples/image_retraining/retrain.py에서 확인 가능하며 자세한 스크립트 설명은 주석으로 되어 있음)합니다. main 함수에서는 학습할 이미지 폴더를 확인하여 그 폴더 안에 이미지 파일들의 목록을 작성합니다. 만들어진 목록을 이용하여 미리 훈련된 그래프를 설정한 후 create_module_graph() 함수를 이용하여 새로운 레이어를 추가합니다. 다음으로는 세션을 선언하여 학습을 시작하고 학습을 통하여 결과를 저장하고 출력하게 됩니다.

TensorFlow

4.2 TensorFlow.js 활용

4.2.1 TensorFlow.js 란

2018년 구글에서는 TensorFlow.js 는 Node.js 상에서 자바스크립트 라이브러리를 이용하여 학습하고 머신러닝 모델을 브라우저에 배포하는 라이브러리를 공개하였습니다. Deeplearn.js 라이브러리를 코어로 사용하여 TensorFlow.js가 탄생하였습니다.

A JavaScript library for training and deploying ML models in the browser and on Node.js

[그림 4-25] TensorFlow.js

TensorFlow.js API는 저수준 자바스크립트 선형대수 라이브러리나 고수준 계층 API를 사용해 머신러닝 모델을 구축할 수 있습니다. 별도의 드라이버나 라이브러리를 설치 없이 바로 개발이 가능한 장점을 가지고 있습니다. 머신러닝의 경우 하드웨어 리소스가 충분해야 연산이 가능한데 브라우저상에서 머신러닝이 가능한 이유는 GPU를 사용하기 때문에 빠른 속도로 처리가 가능합니다.

TensorFlow.js 모델 컨버터는 기존 모델을 브라우저나 Node.js에서 구동할 수 있기 때문에 브라우저와 연결되 센서 데이터(모바일의 경우 자이로스코프나 가속도계 같은 센서값 연결 가능)를 이용하여 다시 훈련할 수 있습니다.

TensorFlow의 python API와 유사한 API를 가지고 있지만 아직까지는 TensorFlow의 모든 기능을 지원하지는 못합니다. 추후 업데이트가 되면서 기존 TensorFlow의 수준까지 올라올 것으로 예상됩니다. 학습 속도는 TensorFlow보다 60% 속도로 동작이 됩니다. 아직까지는 좋은 성능을 가지고 있지는 않지만 가상화 라이브러리, WebGL 최적화 및 브라우저의 성능 향상 등 여러 부분을 개선할 사항들은 남아 있습니다.

4.2.2 TensorFlow.js 개발 방법

개발 방법은 다음과 같습니다. 첫 번째, 이전 오프라인에서 훈련된 모델을 import하여 사용할 수 있습니다. 모델은 TensorFlow 혹은 Keras 모델이 있는 경우 TensorFlow.js 형식으로 변환하여 브라우저에서 사용이 가능합니다. 두 번째, 기존 모델을 재훈련할 수 있습니다. 기존 훈련 모델을 브라우저에서 수집한 센서 데이터와 같은 데이터를 전송시켜서 학습을 할 수 있습니다. 세 번째, TensorFlow.js를 사용하여 자바스크립트 및 상위 수준의 레이어 API를 사용하여 브라우저에서 모델을 정의, 교육, 실행을 할 수 있습니다.

TensorFlow.js를 세팅하는 방법은 다음과 같이 2가지가 있습니다.

4.2.2.1 〈script〉 태그 이용하여 CDN으로 세팅

```
<html>
  <head>
    <!-- Load TensorFlow.js -->
    <script src="https://cdn.jsdelivr.net/npm/@tensorflow/
     tfjs@2.0.0/dist/tf.min.js"></script>
    <script>
      // Define a model for linear regression.
      const model = tf.sequential ();
      model.add (tf.layers.dense ({units : 1, inputShape : [1]}));

      model.compile ({loss : 'meanSquaredError', optimizer : 'sgd'});
      // Generate some synthetic data for training.
      const xs = tf.tensor2d([1, 2, 3, 4], [4, 1]);
      const ys = tf.tensor2d([1, 3, 5, 7], [4, 1]);
      // Train the model using the data.
      model.fit(xs, ys, {epochs: 10}).then(() => {
        // Use the model to do inference on a data point the model
           hasn't seen before:
        // Open the browser devtools to see the output
```

```
        model.predict(tf.tensor2d([5], [1, 1])).print();
      });
    </script>
  </head>
  <body>
  </body>
</html>
```

* 출처 공식 홈페이지: https://js.tensorflow.org/#getting-started

4.2.2.2 NPM, yarn 이용하여 세팅

프로젝트에 yarn, npm을 이용하여 추가할 수 있습니다.

```
yarn add @tensorflow/tfjs
npm install @tensorflow/tfjs
```

자바스크립트 소스코드에서는 다음과 같이 추가한 라이브러리를 호출합니다.

```
import * as tf from '@tensorflow/tfjs';

// Define a model for linear regression.
const model = tf.sequential();
model.add(tf.layers.dense({units: 1, inputShape: [1]}));
```

```
// Prepare the model for training: Specify the loss and the
   optimizer.
model.compile({loss: 'meanSquaredError', optimizer: 'sgd'});

// Generate some synthetic data for training.
const xs = tf.tensor2d([1, 2, 3, 4], [4, 1]);
const ys = tf.tensor2d([1, 3, 5, 7], [4, 1]);

// Train the model using the data.
model.fit(xs, ys, {epochs: 10}).then(() => {
  // Use the model to do inference on a data point the model
     hasn't seen before:
  model.predict(tf.tensor2d([5], [1, 1])).print();
});
```

* 출처 공식 홈페이지: https://js.tensorflow.org/#getting-started

공식 홈페이지에서는 튜토리얼과 예제 그리고 라이브러리 문서를 제공하고 있으며, GitHub(https://github.com/tensorflow/tfjs)에서는 소스코드와 샘플 코드 갤러리 및 모델을 제공하고 있습니다.

4.2.3 TensorFlow.js 데모 소개

공식 GitHub에 올라와 있는 몇 가지 데모를 소개하도록 하겠습니다.

Demos & Applications

- Move Mirror - An AI Experiment with Pose Estimation in the Browser using TensorFlow.js
- Emoji Scavenger Hunt - Locate the emoji we show you in the real world with your phone's camera.
- Metacar - A reinforcement learning environment for self-driving cars in the browser.
- Evolution Simulator - Evolution Simulator using NeuroEvolution
- Play pong with webcam by Gene Kogan
- Make music with PoseNet by Gene Kogan
- Neural drum machine by Tero Parviainen
- Pose Music by Tero Parviainen
- Neural Arpeggiator by Tero Parviainen
- Neural Melody Autocompletion by Tero Parviainen
- Deep Roll by Tero Parviainen
- Latent Cycles by Tero Parviainen
- PoseNet + Pts.js - Visualizing pose with pts.js
- Falling balls + DQN - A demo of a DQN agent that learns to dodge falling balls by seann999
- Tenori Off - An ML-powered music sequencer by Monica Dinculescu
- Hello TensorFlow.js - Polynomial Regression by Monica Dinculescu
- Simple MNIST GAN by Daniel Chang
- Complementary Color Prediction by Roberto Stelling
- Mars at Home - Mars@Home client for Firefox & Chrome - Labels image from Unsplash in browser
- Nxt Word - Next Word Predictor - by Rajveer Malviya
- Interactive Classification - Modify images and see how deep learning classifiers respond
- Hidden Markov Model with Gaussian emissions - A trainable Hidden Markov Model with Gaussian emissions using TensorFlow.js. Used in Node Clinic
- Emotion Extractor by Brendan Sudol
- Aida Named entity recognition and text classification pipeline for creating chatbots by Rodrigo Pimentel
- GAN Lab - An Interactive Visualization Tool for Playing with Generative Adversarial Networks (GANs)!
- Canvas Friends - Half game, half experiment to see if software can improve the drawing and artistic skills of people.
- High School Level Tensorflowjs - Greater than 40 demos that can be online edited made as simply as possible using single web pages. All examples use the <script src="https://cdn.jsdelivr.net/npm/@tensorflow/tfjs"> specific version tag so the pages always work and no installation is needed - By Jeremy Ellis.

[그림 4-26] TensorFlow.js 활용 데모 리스트

첫 번째로 소개해드릴 데모는 LipSync by YouTube입니다. 이 데모는 "Dance Monkey" 노래를 얼마나 잘 따라 부르는지를 체크해 주는 프로그램입니다.

카메라만 활용하므로, 실제 오디오가 들어가지 않지만 얼굴의 입 모양 인식을 통해 노래를 잘 따라하는지 체크하는 방법으로 구현되어 있습니다. 따라서 실제 실행할 때에도 소리를 내지않고 입 모양만 맞추면 잘 따라한다고 체크될 것 입니다.

[그림 4-27] LipSync by YouTube 실행 화면

```
실행 주소: https://lipsync.withyoutube.com/
소스 코드: https://github.com/google/lipsync/
```

이 프로젝트의 소스코드에 접속해 보면, Tensorflow.js를 사용하였으며 facemesh 라는 모듈을 활용하였다고 명시되어 있습니다. 해당하는 사이트로 접속해 보면, 얼굴의 특징점을 통해 다양한 표정이나 입모양 등을 검출할 수 있도록 제공하는 오픈소스 모듈이라고 할 수 있습니다.

MediaPipe Facemesh

This repository has been archived in favor of tfjs-models/face-landmarks-detection and will no longer be updated.

Please refer to face-landmarks-detection for future updates.

MediaPipe Facemesh is a lightweight machine learning pipeline predicting 486 3D facial landmarks to infer the approximate surface geometry of a human face (paper).

[그림 4-28] Facemesh 실행 화면

두 번째 소개해 드릴 데모는 EMOJI SCAVENGER HUNT입니다. 이 프로그램은 정해진 시간 동안 프로그램이 제시한 사물을 스마트폰 카메라로 인식시키는 게임으로 머신러닝을 게임으로 체험할 수 있기 때문에 머신러닝이 무엇인지 잘 모르는 사람들도 쉽게 접근할 수 있는 데모입니다.

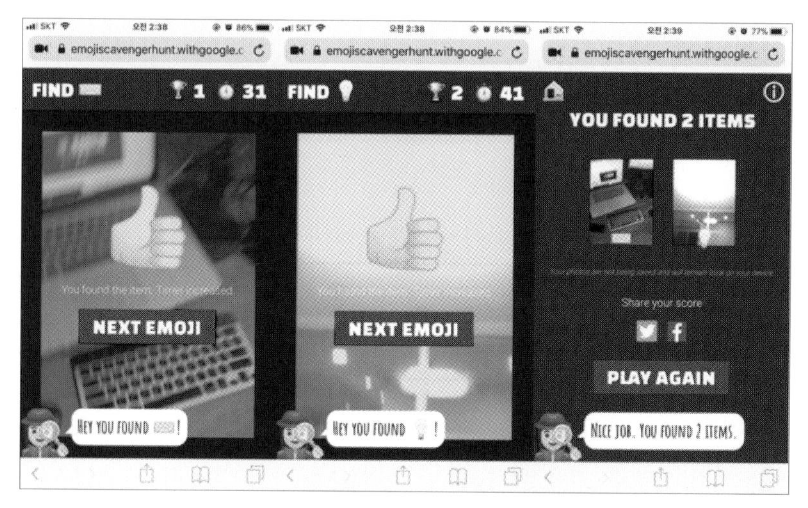

[그림 4-29] EMOJI SCAVENGER HUNT 실행 화면

```
실행 주소: https://emojiscavengerhunt.withgoogle.com/
소스 코드: https://github.com/google/emoji-scavenger-hunt
```

세 번째로 소개해 드릴 데모는 WEBCAM CONTROLLER입니다. 팩맨이라는 한 번쯤 들어본 게임입니다. 이 데모는 키보드나 조이스틱으로 조정하는 것이 아니고 상하좌우를 사진으로 카메라로 찍어서 학습시킨 후 고개짓을 통하여 팩맨을 조정하게 됩니다.

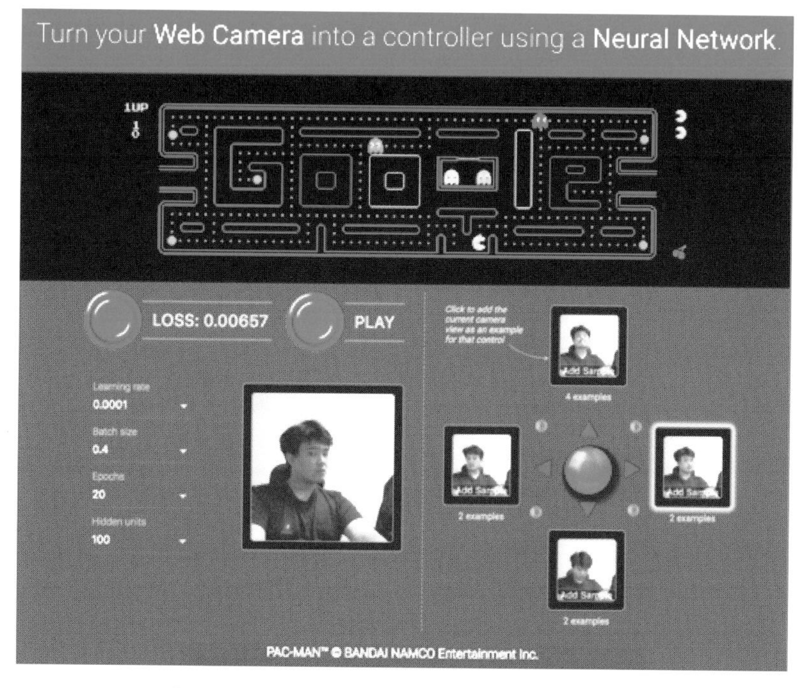

[그림 4-30] WEBCAM CONTROLLER 실행 화면

```
실행 주소: https://storage.googleapis.com/tfjs-examples/
          webcam-transfer-learning/dist/index.html
소스 코드: https://github.com/tensorflow/tfjs-examples/
          tree/master/webcam-transfer-learning
```

네 번째로 소개해 드릴 데모는 Performance RNN이라는 데모입니다. 이번 데모는 게임은 아니지만 RNN을 이용하여 인공지능이 실시간으로 피아노를 연주합니다. 처음에는 연주할 줄 모르는 사람이 피아노 건반을 누르는 것처럼 들리지만, 학습이 진행되면서 점점 음악으로 들리기 시작합니다.

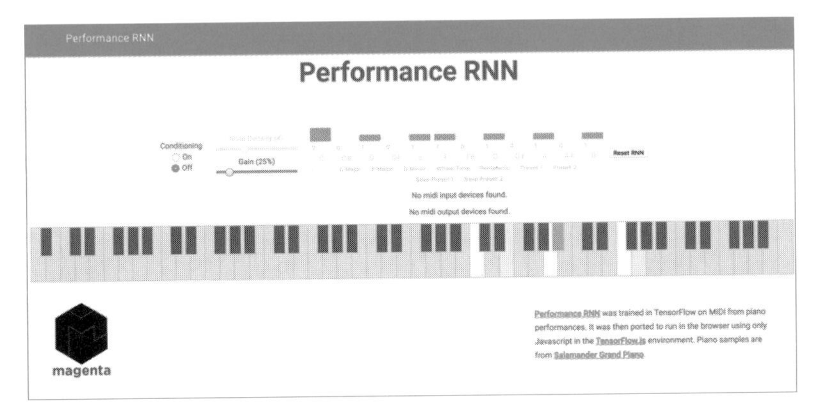

[그림 4-31] Performance RNN

```
실행 주소: https://magenta.tensorflow.org/demos/
          performance_rnn/index.html
소스 코드: https://github.com/tensorflow/magenta-demos/
          tree/master/performance_rnn
```

마지막으로 소개할 데모는 TEACHABLE MACHINE으로 3가지 샘플 사진을 카메라로 입력된 비디오를 매칭시켜 학습시킵니다. 그 이후 실제로 입력된 행위를 하면 매칭된 이미지가 화면에 보입니다. 직접 인풋을 입력시켜 학습시키고 이를 테스트할 수 있는 데모입니다.

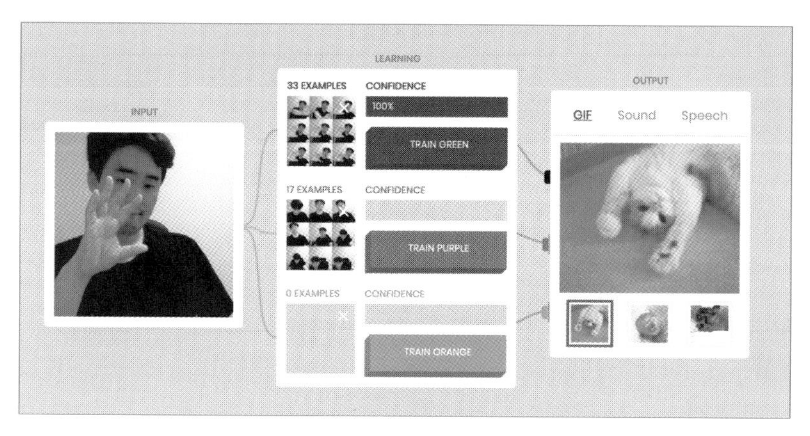

[그림 4-32] TEACHBLE MACHINE 실행 화면

```
실행 주소: https://teachablemachine.withgoogle.com/
소스 코드: https://github.com/googlecreativelab/teachable-
         machine
```

4.2.4 EMOJI SCAVENGER HUNT 코드 분석

EMOJI SCAVENGER HUNT의 핵심 기능은 카메라로 대상을 식별하고 게임에서 찾는 대상을 찾는것입니다. MobileNet(https://github.com/tensorflow/models/blob/master/research/slim/nets/mobilenet_v1.md)의 모델을 이용하여 부족한 부분의 성능을 개선하였습니다.

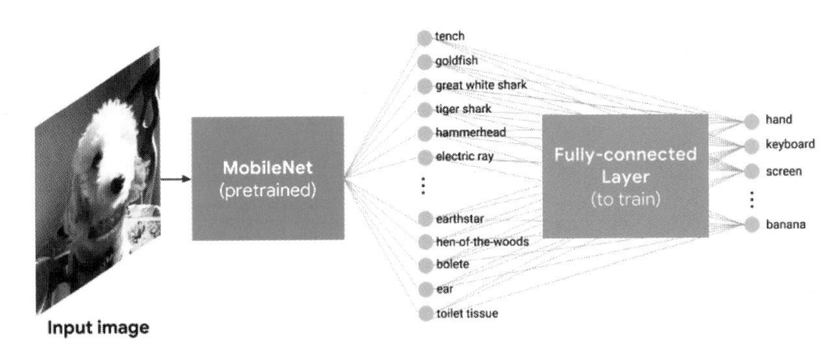

[그림 4-33] MobileNet의 모델 재학습

TensorFlow를 이용하여 원하는 객체에 출력 로그를 매핑하여 새로운 레이어를 추가하여 400개의 객체를 나열 후 각각의 객체에 학습 데이터로 100 ~ 1,000개의 이미지를 이용하여 학습하였으며 output 레이어에 1,000개의 신호를 결합하여 400개의 개체를 유추했습니다.

새로 학습된 모델을 이용하여 TensorFlow.js를 이용하여 브라우저에서 이 모델을 이용하여 TensorFlow.js 변환기를 사용하여 TensorFlow.js가 로드할 수 있도록 구축하였습니다. 카메라로 들어온 대상을 픽셀 데이터로 가져온 후 이미지 데이터를 TensorFlow.js로 전송하여 교육된 모델을 통하여 대상을 찾습니다.

```
Promise.all([
    this.emojiScavengerMobileNet.load().then(() => this.warmUpModel()),
    camera.setupCamera().then((value: CameraDimentions) => {
    camera.setupVideoDimensions(value[0], value[1]);
    }),
]).then(values => {
    // Both the camera and model are loaded, we can start predicting
    this.predict();
}).catch(error => {
    // Some errors occurred and we need to handle them
});
```

우선 대상을 인식하기 전에 카메라, 학습된 모델이 로드되고 있는지 확인 후 다음 작업을 진행하게 됩니다. 아무 문제 없이 로딩이 되면 this.warmUpModel()을 호출합니다.

```
async predict() {
 if (this.isRunning) {
   const result = tfc.tidy(() => {

     const pixels = tfc.fromPixels(camera.videoElement);
     const centerHeight = pixels.shape[0] / 2;
     const beginHeight = centerHeight - (VIDEO_PIXELS / 2);
     const centerWidth = pixels.shape[1] / 2;
     const beginWidth = centerWidth - (VIDEO_PIXELS / 2);
     const pixelsCropped =
           pixels.slice([beginHeight, beginWidth, 0],
                        [VIDEO_PIXELS, VIDEO_PIXELS, 3]);
```

```
      return this.emojiScavengerMobileNet.predict(pixelsCropped);
    });

    const topK = await this.emojiScavengerMobileNet.
                           getTopKClasses(result, 10);
    this.checkEmojiMatch(topK[0].label, topK[1].label);
  }
  requestAnimationFrame(() => this.predict());
}
```

다음은 카메라의 데이터를 가져온 후 올바른 이미지 크기로 파싱한 후에 TensorFlow.js 기반 MobileNet으로 보내고 결과를 식별된 객체를 사용하여 원하는 대상을 찾았는지 예측 함수를 호출합니다. 예측이 필요 없는 처음 화면이나 마지막 화면에서는 예측 함수를 호출하지 않도록 하여 성능 향상을 합니다.

예측 로직의 핵심은 TensorFlow.js로 전송할 이미지를 카메라에서 가져와서 보는 대신 카메라의 중앙에서 화면의 일부를 잘라서 TensorFlow.js로 보내게 됩니다. 모델을 훈련할 때 224×224 픽셀의 참조 이미지를 사용하였습니다.

알고리즘과 관련된 그림은 "*Michael Negnevitsky, Artificial Intelligence – A Guide to Intelligent Systems, Second Edition*" 교재를 참고하였습니다.

참고문헌

2017 카카오 모빌리티 리포트, https://brunch.co.kr/@kakaomobility/2

Michael Negnevitsky, Artificial Intelligence – A Guide to Intelligent Systems, Second Edition

- 신강원 외 3, "KNN 알고리즘을 활용한 고속도로 통행시간 예측", 대한토목학회논문집 34(6), 2014.11, 1873-1879 (7 pages)
- 36쪽 : 박찬정 외 2, "KNN을 이용한 융합기술 특허문서의 자동 IPC 분류", 한국정보기술학회논문지 12(3), 2014.3, 175-185 (11 pages)

https://ko.wikipedia.org/wiki/소프트웨어_프레임워크
https://ko.wikipedia.org/wiki/라이브러리_컴퓨팅
https://ko.wikipedia.org/wiki/인공지능
https://www.csee.umbc.edu/courses/471/papers/turing.pdf
https://ko.wikipedia.org/wiki/튜링_기계
https://ko.wikipedia.org/wiki/전문가_시스템
https://www.lua.org/
https://aws.amazon.com/ko/mxnet/
https://www.tensorflow.org/
https://www.tensorflow.org/lite/
https://github.com/hughperkins/tf-coriander
https://ko.wikipedia.org/wiki/OpenMP
https://ko.wikipedia.org/wiki/OpenCL
https://www.tensorflow.org/guide/summaries_and_tensorboard
https://www.oreilly.com/learning/complex-neural-networks-made-easy-by-chainer
https://keras.io/
http://torch.ch/
https://pytorch.org/
http://deeplearning.net/software/theano/
https://mxnet.apache.org/
https://mxnet.apache.org/gluon/index.html
http://caffe.berkeleyvision.org/
https://github.com/BVLC/caffe/wiki/Model-Zoo
https://www.kaggle.com
https://www.kaggle.com/discdiver/deeplearning-framework-power-scores-2018/notebook
https://www.tensorflow.org/hub/tutorials/image_retraining
https://github.com/tensorflow/hub/tree/master/examples/image_retraining
https://github.com/tensorflow/tensorflow/blob/master/tensorflow/examples/label_image
https://js.tensorflow.org/
https://github.com/tensorflow/tfjs
https://www.nvidia.com/

개정판

인공지능을 위한

텐서플로우 입문

2019년 1월 25일 1판 1쇄 발 행
2021년 9월 1일 2판 1쇄 발 행

지 은 이 : 김유두 · 장문수 · 이종서

펴 낸 이 : 박 정 태

펴 낸 곳 : **광 문 각**

10881
파주시 파주출판문화도시 광인사길 161
광문각 B/D 4층
등 록 : 1991. 5. 31 제12 - 484호
전 화(代) : 031-955-8787
팩 스 : 031-955-3730
E - mail : kwangmk7@hanmail.net
홈페이지 : www.kwangmoonkag.co.kr

ISBN : 978-89-7093-551-5 93560

값 : 17,000원